松尾靖子

Yasuko Matsuo

ようこそ、ほのぼの農園へ

いのちが湧き出る自然農の畑

地《ち》湧《ゆう》社

自然農の畑

春の七草

自然農の美しい野菜たち

出荷の準備をする

ほのぼの農園

農作業の合間のひととき

福岡自然農見学学習会

ようこそ、ほのぼの農園へ

みなさん、こんにちは。「松尾ほのぼの農園」にようこそいらっしゃいました。

今日は晴れ上がって、すこやかな天気に恵まれました。

ここは福岡県の西の端、糸島市の松国の地です。見回すとのどかな田園風景が広がって、北のほうには玄界灘が広がり、南には背振山系が控えています。

私がここで自然農によるお米と野菜を作り始めて、二〇年ほどが経ちました。自然農は耕さず、農薬や肥料を使わないので、足元の田畑には草や小動物たちの朽ちたものが積み重なって、とても豊かな層をなしています。草は草、虫は虫、それぞれいのちをはぐくんでいます。

自然農の畑や田んぼにいると、癒されて豊かな気持ちになります。初めてここを訪れた人も「穏やかな気持ちになった」とか「原風景を見た気分」と話されます。近所の人からは、

「松尾さんとこに来よんしゃぁ人は、どうしてみんな、あんないい顔して農業しよんしゃぁと？」

と聞かれたこともあります。

自然農の畑にはいろんな小動物や草花や虫たちがいて、春夏秋冬で花が咲き、実がなって、やがて種となる。そんないのちの営みの豊かな場にいるので、その恵みを受け止めてこちらの心も豊かになる。だからみんなほっとしたり癒されたりするんじゃないでしょうか。そんな自然の力はほんとにすごいなぁと感じます。

自然農の畑には作った方の〝人となり〟が表れます。なるべく余計なことをせず、必要なときの手の貸し方はそれぞれに任されているので、几帳面な人は几帳面な畑に、おおらかな人はおおらかな畑に。それがいい悪いではなくて、それぞれの個性が出て面白いなぁと思います。

私にとって畑はキャンバスです。野菜を植えていくことで絵を描いているみたいに、たとえばレタスが一〇種類あったらどんなふうに植えていくか。赤ばっかりで固めないで、間にグリーンを入れるとか、葉の形も丸いものやギザギザのものもあるので、一列ごとに配色や配置を考えます。

そんなふうに畑と向き合っていると、四季折々、一年一年、違う絵を描くみたいに一つひとつの野菜作りが楽しくなります。黙々と草を刈る時間も意外と楽しくて、まるで瞑想しているような感じです。悩んでいることがあったとしても、やっているうちに「なんでこんなことで悩んでたのかなぁ」と本来の自分に戻れるのです。

「松尾さんの畑に来たら、何かほのぼのするね」

そう言われたことがありました。訪れた方がみんなほのぼのしてくれたらうれしいなぁ。そう思って、ここに「ほのぼの農園」という名前をつけました。

二〇年前、自然農はほとんど知られていませんでした。でも今は関心を持つ人たちがすごい勢いで増えていることを実感します。自給のためとか農的暮らしをしたいとか、自然農とのかかわりは人によっていろいろですが、私は自然農を生業《なりわい》として続けてきました。

ここにはやはり自然農で営農を目指す若い研修生たちが、毎日学びに来ています。私は彼らと夫、八〇半ばとなる実家の父と一緒にお野菜を作り、お客さんたちに届けるのです。

学びの場に開放している田畑では、六〇近い家族の方がお米や野菜を作っておられます。ほかにも近くの小学生たちがチョウの卵の観察に、保育園の子どもたちが遊びに、隔月の見学会には遠くから何十人もいらっしゃいます。畑の野菜たちは毎日、いろいろな人たちの足音と声を聞いて喜んでいるでしょうね。

自然農は、手の延長の鎌と鍬とスコップと、それから草が生える土地があったら誰にでもできます。お金がかからなくて、やる気があればいつでも始められるシンプルな農です。肥料を使わないので野菜はやや小ぶりですが、香りが高くて生命力があります。

基本は「耕さない」「草や虫を敵としない」「肥料や農薬を用いない」。

必要なものは、その田畑にすべて備わっています。山は山のいのち、畑は畑のいのち、基本はそこにあるものを生かせば十分です。だから自然を自分に合わせるのではなくて、目の前の畑にどれだけ自分のほうが添っていけるかが問われます。

私は畑に入るとき、一呼吸入れて入るようにしています。今日もよろしくお願いします、入らせてください、それぐらいの気持ちで。いのちの世界から見れば虫や草のほうが先の住民です。だから、たとえば白菜の苗を植えるときには、わしづかみでポーンとやるのではなくて、白菜を仲間に入れてね、という気持ちで、すーっと。

頑張ってね、という気持ちはあるけれど、それでいてあんまり自分の思いを入れすぎると、人間と一緒で萎縮します。植えた以上はそこの畑に一応まかせる。あとは草が生えてきても、このままだと負けてしまうなと思うときだけ草を刈ってあげる。人間の育て方と一緒だなぁと思います。

なかなか信じてもらえませんが、私はもともと農業が大嫌いでした。小作の農家に生まれて、両親が朝から晩まで働くだけ働いて、その割には報われない姿を幼いころから見ていました。

父は地元で篤農家として知られ、戦前からさまざまな農業を体験してきました。でも私にとって農業に対するイメージは暗くて「将来、絶対農業だけはしたくない」と思っていました。

それが十代で聴力をほとんど失って、自分の生きる道を懸命に模索するうちに自然農に出会いました。それから不思議とご縁がつながって……気がついたら農業に人生を賭けた父と同じ道を歩んでいました。

自分の人生は、自分で変えることができるんですね。

自然農の世界にようこそいらっしゃいました。

これからお話しするのは、一人の耳の不自由な女性が自分の道を見つけていくお話。

農業が大嫌いだった女性が農の世界に開かれていくお話。

そして戦前から農業の道を求めてきたお百姓が、やはり農の道を歩き始めた娘に歩みを合わせていくお話——。

私の人生と父の歩みを交互に織り合わせながら、自然農の世界をご案内いたします。

◉目　次◉

第3章 自然農をなりわいとして……65

第4章 父が語る百姓の歩み その二……107

第1章　自分の道をみつける

農業は絶対したくない

私が生まれたのは、福岡県前原市（現糸島市）の王丸という田舎で、扇状地のとても美しいところです。小さなころはなんとも思わなかったけれど、豊かな自然が私を育んでくれたんだなぁと思っています。山々があって、きれいな川があって、その川を親がせき止めて「プール」にしてくれて、川魚といっしょに泳いでいました。

農家に生まれて、小学校一年までは藁葺きの家に住んでいました。だから一〇年から一五年に一回、藁を葺き替えます。そんな家だったので、今でも覚えているのは、食事をしていると、上のほうから突然ヘビが食卓に落ちてきて……大騒ぎしたこともありました。

幼いころは両親についていって、田んぼの隅にぽーんと置かれ、ミミズを結んで遊んでいました。弟が一人。少し大きくなった私は農作業を手伝いました。種をまいたり植えたりはしなかったけれど、農繁期は稲の脱穀や稲運びをやっていました。だから農作業はいつも身近にあって、もうそのころには農業はある程度、機械化されていたと思います。

当時、うちは小作で土地を持っていなかったので、お米が一反で六俵穫れたら、そのうちの半分しかもらえず、あとは地主さんに納めなければいけませんでした。足りない分は地主さんから借りて、その分は仕事をして返すという暮らしでした。

農業はたいへんだな、日曜も休日もないし、朝から晩まで働いても苦労の割には報われない、何かもうかわいそうなくらい、あんなに働いて働いて働いているのに、なんでこんなに貧しいのかな、そんな思いがありました。

父母にしてみれば必死だったんだと思います。でも申しわけないけど、そこに父母の楽しそうな顔がなかった。だから私は将来、農業は絶対したくないなと思っていました。

子ども心に貧しかったことは感じていて、覚えているのは隣の農家の子がかわいい人形を持っていたけど、うちは買ってもらえなかったこと。でも当時はまわり全体が貧しくて、いじけることはありませんでした。

むしろ私が通った分校は、先生と生徒が一体になって、自由で明るく楽しい思い出がいっぱいでした。今もその分校は小学二年まであり、生徒数は五、六人。私たちのころは二学年で四〇人くらいでした。

雪が降ったら授業はなくなって雪合戦です。そう、あのころはまだ、福岡にもよく雪が積もっていたんですね。雪で電線が切れて一〇日ぐらい電気が通じないといったことが小学生のころまでありました。そして、たまのろうそく暮らしは子ども心に、とても楽しいものでした。

結婚や就職できんかも

私は小さな時から耳が悪くて、両親は小学校に上がる前にどうにか治したいと、忙しいなかをいつも病院に連れて行ってくれていました。

でも私は病院がすごく怖くて、病院の前に来ると何かもう殺されるんじゃないかというような恐怖でいっぱいでした。だから必死で逃げて逃げて、病院の先生から「この子は手に負えん」と言われていたのを覚えています。

結局、耳はよくならないまま、小学五年生のときにかなり悪化したので手術をしました。そのときまでは聴力は失っていませんでしたが、高校一年のときに再発して、また手術を受けました。三カ月ほど学校を休む大手術でした。合わせて五回の手術を受けたことになります。

病気がそれだけ深刻だったのか、手術がうまくいかなかったかはわかりませんが、手術をしてから左側の耳は補聴器を付けてもまったく聞こえず、右側も補聴器をしてやっと会話できるという状態になってしまいました。小学校のときの手術では大丈夫だったので、まさか聴力が落ちるとは思ってもいませんでした。だから大ショックでした。

今のように耳の形をした小さな補聴器ではなく、当時はコードでつないだボックス型でした。だから運動ができません。高い音を拾うので、人の話よりも騒音の方が響きます。コトンという音も耳にさわりました。

思春期だったので、やはりつらくて、思い詰めたときもあったし、こんなだと結婚できないかもしれないなぁとちらっと思ったり、就職が難しいだろうなぁと不安になったり。

私にはそのころ、なりたいものがあったんです。ソ連のテレシコワにあこがれて、女性でも宇宙飛行士になれるんだ、と夢に描いていました。もちろん宇宙飛行士になれるとは思わなかったけど、それでも飛行機が好きだったので、空港で働くグランドホステスになりたかったのです。でも聴力検査があれば、いくら頑張ってもだめだなぁとあきらめなければいけませんでした。

心までいじけたらいかん

高校二年のある日のことでした。雨の日で母が珍しく自分の部屋で縫い物をしていて、部屋には母と私の二人きりでした。私は補聴器を付けても授業が聞こえづらく、学校に行くのがしんどくなっていて、耳のことで将来も不安になっていました。

自分のつらい気持ちを抱えきれずに、母に向かってぽつりと「お母さん、どうして私を産んだと?」と言葉をもらしてしまいました。本当は言ってはいけない言葉だったと思います。けれど、そのときは胸にたまったやりきれない気持ちを自分でどうしたらいいかわからなかったんだと思います。

母は黙って縫い物をしていたけれど、突然、持っていた竹の物差しで自分の太ももをたたき始めました。パシパシという激しい音とともに、私の見ている前でみるみる両腿が紫色になっていきました。

母は親として娘の病気を治すことができなかったことに、つらく情けない思いを抱いていたんだと思います。病院が大嫌いな娘が大手術を何度もして、補聴器を付けなければ聞こえない姿を見て、やりきれない思いを募らせていたのではないでしょうか。突然の娘の言葉に、気持ちのやり場がなかったのでしょう、私をぶたないで、そのつらさを自分に向けたのです。

私は私で、それまで見たことのない母の突然の激しい振る舞いに胸を衝かれました。そのまま家を飛び出して、裏山に駆け込んで、わんわん声をあげて泣きました。

どれくらいの時間、そこにいたのか、けっこう長い時間だったと思います。泣くだけ泣いたら気持ちが落ち着いてきました。自然の中で次第に自分の気持ちが静まっていったように思います。

そして、自分はこれじゃいけないなぁと思いました。

ああ、母を悲しませたなぁ。母だって私の病気をよくしようと懸命だった。そのころは手術をすると言われたら、お医者さんを信じるしかなかった。母のつらさを考えないで、自分の気持ちだけをぶつけてしまった。耳は聞こえなくなっても、心までいじけたらいけないなぁ。二度と母を悲しませるようなことしたらいけないなぁ。

それに自分の手術にかかった費用。三カ月の入院と全身麻酔の手術代は、びっくりするくらいかかりました。そんなお金がうちにないのはわかっています。たぶんそれは借金をして充てたはずです。自分のために大金を使わせて、苦しい家計をさらに苦しくさせたのです。それなのに心までいじけたらいかん。このままじゃいかん。

それからは気持ちを明るく持って暮らすようにしました。耳が聞こえないことで授業がわからず不自由なことはあったけど、気持ちを落としたり周りを暗くしたりしたくありませんでした。同級生のなかでも明るくしていたし、友達もいました。考えてみれば、それがもともとの私の気質だったのかもしれません。

今でも、人が笑っているのになぜ笑っているのかわからなかったり、障害の不自由やストレスはありますが、耳のことを考えて深く落ち込んだりすることは少なくなりました。でも若いころは臆病で、自分からは耳が悪いことを進んではまわりには言いませんでした。

だから私の聴覚障害を知らない人は、「松尾さんは話しかけても知らんふりしている」と思われることがあります。実際にそう言われたこともありました。やっぱり誤解されてはいけないなぁと思って、それからは臆せずに言えるようになった気がします。

耳のことは私の人生に大きな影響を与えてきました。自分が傷ついた思いをしているので、人を傷つけたくないなぁと、つい他人の気持ちを思いやってしまいます。人の気持ちを考えすぎて、言わなければいけないときも言えずに遠慮してしまうところがあります。いいところと悪いところと両面あるように思います。

お金を借りるときの覚悟

当時もう一つ、つらいことがありました。親類が事業に失敗して、父にその借金がのしかかってきたのです。

ちょうど私の耳の手術も重なって、経済的にはたいへんな時期でした。家族で夜逃げすることも考えたくらい巨額の借金でした。父はもともと事業自体に反対していたし、保証人にもなっていませんでした。それなのに父が借金を肩代わりすることになったのです。

父の失敗なら仕方がないけれど、なんの落ち度もない父が全部背負い込んで貧乏くじをひく。世の中って理不尽だなぁと私は感じました。「なんにも悪いことをしてないのに、うちばっかり大変なことが起こるのはどうしてかいな」と両親に聞いたこともありました。

お金を借りるために知人、親戚を回っても、こんなときはお金持ちの人ほどお金を貸してくれません。父は仕方なく知人のところに行って頭を下げました。

そのときに私がびっくりしたことがあります。父は借金の一部の百万円を借りるのに、一〇万円を先に渡すのです。こちらにはほとんどお金がないときです。

一〇万円は〝覚悟料〟ということだと思います。お金を借りるときの姿勢を父母の姿から学びました。父は私によく話していました。

「金借るってことは大変なことやけん。誰か経験者に学ぶことが先決。金借るくらいなら知恵を借れ。知恵なら元本も返さんでよか」

家計のことを考えると、私は高校をやめなければいけないのかなぁと思いました。でも両親は「何とか高校だけは出してやる」と言ってくれました。「弟は男だからなんとかして大学にやって」と両親に頼み、私は進学を断念して、できるだけ親に迷惑をかけないよう自立したいと思っていました。

無性に山に登りたかった

　やはり農業は嫌いだったので、簿記を習う学校に一年通ってから福岡市内の商社に勤めました。暗いうちに家を出て徒歩、バス、電車と通勤に片道二時間かけて出社し、残業をして終電で帰る、そんな日々を繰り返していました。

　仕事ずくめの暮らしが続いたせいか、私は好きだった山に無性に登りたくなりました。小さな山の会に入って、休みのたびに山に登っていました。

　その山の会に、山のために生きているような男性がいました。すべてが山登り中心にある暮らし。その男性の生き方を見ていると、自分のＯＬ生活がとても味気なく思えてきました。このまま自分の青春は終わるのかなぁ。終わりたくないなぁ。

　思い切って会社を辞めました。三年間勤めた会社を辞めるのはもったいないなぁと思いましたが、とにかくそのときは山に登りたかった。何か青春を燃やすものがほしかったんだと思います。

　一年間はアルバイトをしながら九州の主な山を制覇して、槍ヶ岳や白馬など北アルプスの山々に挑戦していきました。朝から重いリュックを担いで仲間たちとひたすら山道を登って行き、夕方になってやっと中腹に到着。先輩がそそり立った断崖のそばにテントを張ろうとするものだから、「こげんとこにテント張って寝るんですか?」と聞いたら、「死ぬときは一緒…」と言われて「えーっ!」。

帰宅したら母に「あんた、熊と決闘したとね?」といきなり言われました。私たちが登った山に熊が出没していたことを聞かされて、ぞーっ。そんなこともありました。

それでも山に行くとほっとしました。救われる感じがしました。今でも山を見たらワクワクします。自然の中に身を置くのが大好きでした。

私は福岡市のブティックに勤めていたこともあります。

「えーっ? 松尾さんがブティック~!?」

今の私を知っている人に、私がブティック勤めをしていたなんて言っても信じてもらえません。またいつもの冗談と思われて「もんぺ売っとったんやろー?」です。

私が「幼なじみに会ったら、今でも〝靖子ちゃんは、いちばん都会派やったねぇ〟って言われるとよ」と言い返すと、やっぱり「えー!?」という反応。

「松尾さん、生まれたときから、もんぺはいとったとー?」とからかわれるから、そんなときは私も「知っとう? モンペってフランス語よ」と冗談で返すことにしています。

「そのときは手話を習う」

耳の不自由なことが私の人生に与えた影響は大きいと書きました。二〇代のころは、初対面の人に「自分は耳が遠い」ということがどうしても言えませんでした。言うことで人が自分から離れていく気がして、言うのがつらかった。本当は言えばいいんでしょうけど、言うのにものすごく勇気がいりました。

お見合いの話があっても流れてしまいます。地元ではお見合いの際、近所の人に評判を聞く「聞き繕い」という身元調査の習わしがありました。お見合いが流れたときは、耳の悪いことが引っかかっているんだろうなと思っていました。

だから男性恐怖症みたいに、結婚するまでご近所のご主人と話すのも怖かった。勧めていたころ、耳が悪いことを理由に交際を断られることを恐れ、男性に誘われても「好きな人がいます」とこちらから断っていました。自分が傷つくことが怖かったんです。

夫の重明さんとは従兄弟の結婚式で話しかけられたのがきっかけです。夫が「これから一緒にやっていこうか」と言ってくれたときにも、すでに大きな手術をしていたので、私の中ではどうしても耳のことが不安でした。

「もし再発したら、右側の耳も全然聞こえなくなるかもしれない。そういう私でもいいですか」と聞いたら、「そのときは手話を習う」と言ってくれました。その誠実さに動かされて結婚したのが、二四歳の時でした。

結婚したときに私が申し出た条件はただ一つ、「月に一回、山に登らせてほしい」。夫は快く応じてくれたけれど、結局なんだかんだと忙しくて、約束は山のかなたに飛んでいってしまいました。

ブドウ栽培失敗で大借金

夫は五人兄弟の末っ子です。兄たちは農業が嫌いで家を出ていました。でも松尾家の土地がありました。親が苦労をしているのを見ているので、親思いの夫は仕方なく農業を継ごうと考えていました。農業だけは絶対したくないと思っていた私が、よりによって農家に嫁いだのです。

初めて松尾家の畑を見たときは、あまりの広さにショックを受けました。私の実家の王丸には田んぼはあるけれど畑はありません。お米だけの田んぼに比べて、次から次に野菜を作る畑はすごく忙しいというイメージが私にはありました。

一枚が二反半ほどある畑を初めて見て、「わーっ、しきらーん」。空がのしかかってくるような気持ちになりました。

夫は私と結婚をする直前に、地域の青年たち一二人で「ブドウ愛好会」を作り、ブラックオリンピアというブドウの栽培を試みていました。ブドウの花も見たことがない二〇代の若者たちが、一攫千金を狙ってブドウ栽培に賭けたわけです。高度成長期、日本にまだ勢いがあった時代でした。

でも気候風土が合わず、経営も栽培技術も未熟でうまく立ちいかず、見事に夢破れてしまいました。「ブドウをつくって海外旅行に行こう」を合い言葉に奥さんたちを口説いて懸命にやってはみたけれど、結局、近くの温泉にも行けない……という惨憺たる結果に終わってしまったのです。

残ったのは借金です。なかでもこれに賭けていた夫は、通常は一反で始めるところを三反から始めたので、それだけ借金もかさみ、私たちのもとには途方もない借金が残りました。一九七九年のことでした。

結婚して間もないときで、それを知った私はまたも「えーっ!」。新築した家のローンもまだ残っていて途方に暮れました。どげんしたらよかと?

農業経営に行き詰まった夫は、一方で腰痛を患ったために農作業ができなくなり、方向転換して勤めに出始めました。ぎりぎりの生活を続けて、借金返済には結局一〇年ほどかかりました。今でもよく返せたなぁと思います。

自然農の野菜をとっていただいているお客さんから、あとで聞かされたことですが、私がおしゃれだと思って着ていた古布団の布を縫い合わせたスカートも「あんなツギハギの服を着て、松尾さんとこはよっぽど生活に困っとんしゃるんやから、野菜をとってあげなぁ」と思われていたそうです。

農業ってばくちだな

夫とやっていた最初二年間の農作業は、私にはまったく面白いと思えず、「人生間違えたなぁ」とふさいでいました。OL生活で冷暖房に慣れていたので、炎天下で働くのがつらくてつらくて。

そのころは除草剤や化学肥料を使う慣行農法でやっていました。ただ、食卓の上に野菜を置いて農薬をかけたら、たとえ一週間おいても食べられないと思うけれど、畑で農薬をかければ食べさせてもいいのかな、おかしいな、そんなふうに単純に思っていました。

ブドウで借金を抱えても、私は夫のように勤めに出ようとは思いませんでした。いま思うと不思議です。自分まで働きに出かけたら、この畑はどうなるんだろう？　なんとかここの土地を生かせないか？　嫌いな農業をなんとか好きになりたい。そんな思いがぐるぐる頭を回っていました。

実際、長男がまだ小さくて働きには出られなかったこともあるし、耳の悪い私をそれでもいいと言ってくれた夫の気持ちに添いたいという思いもありました。農業は嫌いでしたが、何よりも「私はここで生きるしかない」。そんなふうに観念したのだと、今となっては思います。

私が結婚したころは、農作物市場の主流はスイカと白菜とレタスでした。二反半にビニールを張ってスイカを育てたら、驚くほどたくさんできました。でも出荷してみたら、苗代にもなりません。

えーっ、信じられない！　働き損ならまだしも、苗を買えば確実に借金としてマイナスが残るわけですから。農業ってなんなんだろう?と正直驚きました。

それでも借金は返していかなければなりません。でも農業については何もわかりません。わからないなら誰かに聞くしかありません。農協に尋ねに行きました。

「女性一人で作れて、それでいてなんとかお金になる野菜はなんでしょうか?」

「そうやねー、まずは大根を作ってみんしゃい。着実に育ってお金になるなら大根から始めてみらんね」

「大根はどげんしたら立派なものができるんですか?」

「耕して耕して、十回ぐらい鋤《す》いたらよかよ」

結婚当初、新聞の市況欄に主な野菜の価格が載っていて、私は毎日それをグラフにしていました。もともと理系だった私はそんなことがまた好きでもありました。一年間それを続けて、そのグラフからわかったことがありました。それは、

「人が作らないものを、人が作っていないときに作ったら高く売れる」

ということでした。じゃあ大根もやはり「人が作ってないもの……」と考えたら、当時は珍しかった「青首大根」がぱっと頭にひらめきました。農協で教えられたとおり、何度も何度も耕して種をまいたら、本当に青首大根が見事に育ってくれて、それが大当たりでした。

一九八〇年当時、軽トラックいっぱいで五、六万円にもなって、毎日、市場から電話がかかって来ます。初めての経験だったので、自分の狙いが的中したこともあって、も

うれしくてうれしくてたまりません。二年目もそれでうまくいきました。

でも三年目になると、みんなが青首大根を作るようになって、価格は暴落しました。前の年と同じように作った青首大根が、今度は軽トラいっぱい五、六百円です。一〇〇分の一。

農業ってばくちだな、と思いました。

もみじ、シラウオ、イワシ

農作業が忙しいときは、実家から私の父母が手伝いに来てくれていました。嫁の両親が嫁ぎ先の農作業を毎日手伝いに来るなんて、普通では考えられないことだと思います。でも義父は元軍人で当時は町の収入役。義母も農業を知らずに嫁いできました。だから松尾家は田畑を持ってはいたけれど、農業には慣れていませんでした。

一方、私の父は地元では篤農家で知られていました。農作業を手伝いに来てくれたら、農作業ばかりか農業の技術も教えてもらえるわけで、松尾家にとっても逆にありがたかったのだろうと思います。受け入れるほうも寛容だったんですね。

その父は、いまだに王丸から松国の田畑にやってきて、農作業をしながら研修生の指導をしているのですから、ちょっと不思議な光景です。

私は本格的な農作業の手伝いなどしたことがなくて、手ももみじのように小さかったから、夫は当初「これで百姓ができるとかいな」と不安に思ったそうです。あとになって、夫は親戚の人に「女房のシラウオのような手が、百姓してからイワシのような手になってしもうた」と笑っていました。

苗床にレタスの苗を植えるときにも、慣れない私は十分手を伸ばせなくて手元にしか苗を植えられず、効率がよくありません。手伝いに来ていた実の母は、姑さんの手前、親のしつけが悪いと思われたくなかったのでしょう、「もうちょっと手ば伸ばしんしゃい」と私を叱りつけたことがありました。

「こんぐらいしか届かんもん」と言い返したら、母は「あんた、もしそこに一万円落ちとったら届こうが」。

確かに一万円落ちていたら届くなぁ。うまいこと言うなぁ。母は笑いにまぶしながら、ぱっと核心を突く、そういうところがあります。

子どもたちに本物の野菜を

市場に農作物を出しても、自分がやってきた苦労がまったく報われません。そうすると、次に生産しようという意欲をなくしてしまいます。若い女性は農家に嫁ぎたがらず、農家の側は跡取りのお嫁さんはほしいけれど自分の娘は農家にやりたくない、そんな傾向は当時からありましたが、その理由について自分自身で体験してみてよくわかりました。

もうばくちのような農業はしたくない。私はこれからの若い女性が「こういう農業だったらやりたいな」と希望を持てるような農業をしたい。でも農業で実際に何ができるんだろう？

私が出産した際に、病院の先生から「あまり表ざたにはなっていないけれど、最近は奇形児が多いんだよ」という話を聞きました。母体が口から摂り込む食べ物が影響しているのではないかと思いました。

将来を担う子どもたちに本物の野菜を食べてほしい！

父が若いころよく口にしていた言葉が、頭の片隅に残っていました。

「せっかくこの世に生を受けたからにゃあ、目立たんでもよかけん、社会の役に立つ仕事ばせにゃいかん」

そのころ私はぎっくり腰を起こし、通った整体の先生が竹熊宜孝さんの著書『土からの医療』（一九八三年、地湧社）を貸してくださいました。医師の竹熊先生は熊本県の菊池養生園で、医と食と農にこだわった地域医療を実践されています。

その本の中にも紹介されていた有吉佐和子さんの『複合汚染』（一九七五年）を読んで、私は夜も眠れないほどショックを受けました。有吉さんは農薬や化学肥料、食品添加物、排気ガスなどの化学物質による複合的な環境汚染を告発していました。

農薬や化学肥料を使わずに、本当に体にいい作物をつくる。それは人間の身体だけではなく、必ず畑や田んぼにとってもいいものだ、という確信がわき上がりました。

農業でもみんなの健康に役に立てる。私は無農薬の野菜を作る！

暗闇にぽっと灯りがともったようでした。

レース模様のキャベツ

無農薬の農業について誰か教えてもらえる人はいないだろうか。『複合汚染』には有機農業の実践が紹介されていました。

ツテをたどって、「福岡有機農業研究会」に父と一緒に入りました。父は好奇心が旺盛で、「食べるためだけの百姓ではいかん」という思いもあったようです。当時、福岡県の農業改良普及員をされていて、のちに虫見板《むしみばん》や減農薬運動で全国的に有名になる宇根豊さんも研究会に来ておられました。

通常の生産者と消費者の関係は、「私が作った無農薬野菜を買いませんか」と生産者が消費者に呼びかける関係です。でも有機農業研究会は「無農薬の野菜なら私たちは買い取るので作っていただけませんか?」という生産者と消費者の新しい提携のかたちを取っていました。

有機農業といっても、通常よりも農薬散布の回数を減らす「減農薬」を実践している農家のほうが多いのが実態でした。一度農薬を使ったら、いつまでたっても減農薬のままだろうな、低毒性だから安全だという農薬はない、徹底的に使わない農業をしたいなぁ、と思いました。

「中途半端なら、せんほうがよか」という父の言葉を思い出して、農薬を絶対使わない合鴨農法で有名な福岡県の古野隆雄さんをたずねて、無農薬の有機農業を始めました。

しかし、完全無農薬の厳しさは想像以上でした。一年目は畑の生態系ができていなかったので、キャベツなどは虫に食べられて骨かレース模様。これでは、たとえ無農薬でも出荷できません。

時々手伝ってくれていた母は、苗から丹精込めて育てて畑の中で朽ちていくキャベツの姿を見て「しろしかぁ」と漏らしました。「しろしい」は、福岡の方言で「やりきれない」「つらい」「うっとうしい」。

でも私はたとえば自然農法の福岡正信さんが無農薬で実際に作物を作っておられることを本で読んで知っていました。だから三年たったら必ず土が蘇ってくることを信じていました。

とはいえ、「しろしかぁ」とつらそうに言う母の声を聞くと、やはり私もこたえました。両親や野菜たちに悪いことをしているようで、つらくて畑で一人涙をこぼしました。

「お母さん、三年したら絶対、土が変わってくるけん。一年目は辛抱よ」

そう励ますしかありませんでした。

当時はまだ全国的に有機農業が十分に認知されていなかったころです。まわりの人たちから私は変わり者のように思われていました。「作っちゃあ枯らし、作っちゃあ枯らして、主人から怒られようらんな」とあきれられたり、立派に野菜が育ったときは「夜、こそっと農薬かけに行きようとやなかね」とからかわれたり。

土日は有機農法の勉強会などで地域の行事に参加できなくなりました。申しわけないけれど、私は自分がやりたいことを優先していたし、行っても話が全然合わず、楽しくもありませんでした。私はだんだん地域で孤立していきました。

地域の行事に出ていかないと、近所の人が畑に来て「忙しいのは、あなただけじゃないとよ。みんな忙しいとにしよるとよ。そこらへんをもうちょっと考えんしゃい」といさめられました。そう言われて有機農業をやめようとは思わなかったけれど、情けなくて、よく畑で泣きました。

収入はお小遣い程度でした。それでも無農薬野菜を買ってくださる方がいるのは、とても有り難かった。当時、女性で無農薬野菜を作っている人は全国でもほとんどいなくて、新聞やテレビ局が取材に来ました。宣伝などまったくしていないのに、どこからそんな情報が伝わっていくのか不思議でした。

口コミでも少しずつ広まって、北九州に住む六〇人の方が「作ってもらえませんか?」と農作物の購入を申し込んできました。お客さんは徐々に増えて、多いときで百人を数えるまでになりました。

自分のいのちが喜ばない

そのころ、父はまだ若くて勤めにも行っていたので、日の出とともに自分の畑に出かけ、それから勤めに行って、帰ってきたら畑で有機農業という日々でした。

無農薬よりも何よりも、父がいちばんびっくりしたのは、作り手が農作物に自分で値段を付けるということでした。

それまでは市場で買い手が農作物をひと目見ただけで値段を付けていました。父の時代には、売り手と仕入れ業者が手ぶり（指の形で示す符丁）で値段を示して「これでどげんな?」、そんな大雑把な取引が当たり前でした。

私たちはお客さんとの直接のやりとりですから、市場に出さずに自分たちが値段を付けることができます。父は「百姓が自分で値段付けるたぁ、本当にたまがった」と驚いていました。

逆にいうと、農業をやって私がやりきれなかったのは、ほかの産業では作り手の企業が「希望価格」を出すのに、農業や漁業はなぜか自分の生産物に自分で値段を付けられないということでした。自分で作っているのになぜだろう？　素朴な疑問だったし、それが悲しいやら、つらいやら、悔しいやら。どげんかならんとかいなぁ。そう思っていました。

お客さんが増えるのはうれしかったけれど、でもその分、だんだん多忙になっていきました。休みもとれずに深夜の一時、二時まで夜なべするようになり、家族との会話も途絶えがちでした。

本当はいい仕事をしているはずなのに、自分のいのちが喜んでいない。おかしいなぁ。このまま一生、これではやっていけないなぁ。何か未来が見えなくなってしまいました。

それに有機農業は、堆肥をつくる際の重労働がたいへんでした。男性はユンボを使って一時間もあれば堆肥を切り返すことができます。でも私はそのユンボを買うお金も、それを操る体力も技術もありません。ただ堆肥の温度が六〇～七〇度になったとき、スコップで切り返すことを繰り返し、熟成したら今度は一輪車に乗せて畑に振りまきます。夫に休みのときに耕して畝を作ってもらい、しばらく置いてやっと種がまけます。

それでも六年間は必死で有機農業を続けました。でも、次第に疲れがたまってきて、一生やれる仕事ではないなと思いました。手伝ってもらっていた私の母が「人のいのちのために、自分のいのちば削られるような気がする。きつかぁ」と漏らしました。母がこげん言うんやから、これ以上無理はかけられん。母も年老いていつまでも当てにはできん。一人でもできることを考えないかん。

畑の草のベッドに寝転んだ

そんなときでした。近くの龍国禅寺の奥さんの甘蔗珠恵子さんから、「80年代」（野草社）という季刊の冊子を見せられました。珠恵子さんは私が悩んでいるときに話を聞いてもらえる相談相手で、龍国寺は私にとってまさに「駆け込み寺」でした。有機農業のときからのお客さんでもありました。

「松尾さん、こういう人がおられますよ」

手渡された冊子をめくると、中の扉に稲穂の姿が白黒写真で載っていました。奈良の川口由一さんが自然農で育てた稲でした。

見た瞬間、あっ、と思いました。

その稲の姿はとてもたくましい、けれど何か清らかですがすがしい。自然農でできた稲を見るのは初めてです。パーンと私の中に入ってきました。悩んでいたし、求めていたからかもしれません。なぜかわからないけれど、理屈じゃなくて直感的に、すごいと思いました。

私は川口さんの顔も知らなかったのに、「この方に絶対会いたいなぁ」。奈良県桜井市で隔月の合宿会があると知って、自分の心はもうワクワクしていました。川口さんに会える。自然農の畑に会える。でももし行くとなったら、小さな子どもを義母に預けて出かけなければいけません。「最初で最後」と思ったけれど、自分の覚悟としては初めての海外旅行に出かけるくらいの勇気が必要でした。

珠恵子さんに相談したら「行きたいと思ったときが行くときなのよ」とぽんと背中を押してくださいました。

義母に前もって相談したら「子どもはどうすると?」と聞かれるだろうから、夜行バスのチケットから何から全部あらかじめ用意して、前日に打ち明けました。

「お母さん、申しわけないけど、私は明日、奈良に行ってきます」

母はびっくりしたと思いますが、私の覚悟を前にして何も言いませんでした。

合宿会のため奈良県の天理駅で集合したのは二〇人ほど。すぐに、あの人が川口さんだとわかりました。静かでにこにこしていて、ほとんど話をされません。

私にとっての第一印象は「畑のおとうさん」。そのイメージはそれから後もずっと変わりません。九州からは私が初めての参加者で「はるばる遠くからようこそ」と受け入れてくださいました。

川口さんの畑は桜井市の三輪山の麓にありました。畑にはいろいろな草が生えています。足を踏み入れると、フワフワしてトランポリンに乗っているみたいです。土は団粒構造をなして、草や虫たちの朽ちた層が厚く豊かに重なっているのです。

思わずそこに寝転んだら、草のベッドみたいですごく気持ちいい。私は初めて行ったところなのに、「むかーし、ここに来たことがある」と思うくらい、心が安らいで、何かなつかしい気持ち、やさしい気持ちにさせられました。

「食べていいですか?」と畑にある目の前の小さなカブを一本抜いて食べさせてもらいました。自然農のことは知りませんでしたが、有機農業をずっとやっていたので、違いを味で確かめたかったのです。

見た目は小さなカブですが、でもその味はまったく別ものというか、果物みたいにフルーティで、本当においしい。カブだけどカブじゃない。さっぱりしていて自然の甘みがあって後味が尾を引かない。ついかじりたくなる。ほおばりたくなる。

それが決め手になりました。こういう野菜を、自信を持ってご縁のあるお客さんに届けたい。喜んでもらいたい。とくに将来ある子どもたちに食べてもらいたい。これしかない。そう確信しました。一九九〇年の二月のことです。

畑に立ったら涙が

それから月曜日の出荷に間に合うように夜行バスで松国に戻り、そのまま畑に飛んでいきました。

自然農で作った野菜を、これから私とご縁がつながる方々に届けたい。届けることができる。そんな満たされた気持ちで自分の畑に立ったら、なぜだか涙があふれてきました。ポロポロ、ポロポロ、もう前が見えないくらいに。

どうしてこんなに涙が出るのかなぁ。そのときは自分にもわかりませんでした。しばらくたって気がつきました。

ああ、自分が生きたい道を見つけたんだ、そのことを体で感じたんだ、求め続けてきたものに出会えた、その喜びの涙だったんだ。

しかし、自分はまだ自然農の理《ことわり》もわかっていなかったし、父のように農業の技術もありません。どうしても奈良に一年間通って勉強したいと思いました。

合宿会は土曜と日曜。できるだけ家族に迷惑をかけないように、金曜の夜行バスで奈良に向かって一泊二日、また夜行バスで月曜の朝に戻って、畑に出て出荷する。そんなハードスケジュールを続けることができたのは、魂からわき上がるような思いがあったこと、そして若かったからでしょう。

自然農のことを夫に相談すると、「どんな農法であろうが、自分がしたいようにしたらいい」と見守ってくれました。夫は勤めているので、あまり手助けできません。ただ田畑を荒らさないように守ってほしいという願いを抱いていたようです。

私の奈良通いが始まりました。毎回、合宿会に行くのが楽しみで仕方ありませんでした。一九九一年には三重県と奈良県境の棚田で川口さんを主宰とする「赤目自然農塾」が始まりました。川口さんから自然農の理を学びながら、田畑でお米や野菜や土や虫たちを相手にしていると、毎回毎回、新しい発見がありました。仲間もできました。なかでも赤目自然農塾の柴田幸子さんとは、ずっと親しくしていただきました。

私は川口さんのもとで自然農を学び、実践に移した最初のほうの世代でした。川口さんも他の参加者も、私のことを最初、「てっきり女子高生だと思った」そうです。生活の匂いがしなくて、子どもが三人いるなんて信じられなかった、と。

一度、福岡から奈良の合宿会に向かう電車の中で、近くの男性から声をかけられたことがあります。

「トントントン、お客さん、お客さん、どちらのほうへお出かけですか?」

見たら夫でした。え? と思ってびっくりしていたら、「まるで恋人に会いに行くみたいですね」とからかわれました。予告もなしに見送りに来てくれたのです。私のウキウキした気持ちが顔に現れていたんでしょうね。

私が初めて立って「昔、ここに来たことがある」と感じた川口さんの畑。そこが最近になって卑弥呼の宮殿跡ではないかと話題になった纏向遺跡の発掘場所です。そのニュースを聞いた私は、みんなに話しました。

「私、ひょっとしたら昔、卑弥呼の宮殿で仕えていたんじゃなかろうか?」

第2章 父が語る百姓の歩み その一

やっとかっと生きてきた

「レジェンド・オブ・百姓」

「ラスト・オブ・百姓」

研修生として松尾農園で学んでいた山本悟史さんは、私の父について冗談半分でそんなふうに呼んでいました。

王丸の父の自宅近くに住んでいた悟史さんは、父を松国の田んぼに送り迎えをする車の中で、農業のこと、田畑のこと、野菜のことなど、父からいろいろと教わったそうです。「それがとてもありがたかった」と。耳の遠い父と車の中で、二人で声を張り上げながら言葉を交わしている様子が目に浮かびます。

大正十五年（一九二六年）に王丸の農家の長男に生まれた私の父、家宇治守《いえうじまもる》は、確かに戦前から今に至る日本の農業の歴史、昭和から平成にかけての地域農業史をそのまま歩んできたように思います。

その〝百姓の伝説〟をきちんと聞いておきたい、あらためて伺いたい、と近くの龍国寺で父を囲む時間が設けられました。父は聞かれるままに自分の歩みを語り始めました。

当時、家宇治家は八人きょうだいの一〇人家族。八反歩（一反は一〇アール）ほどの土地を地主から借りて、自給自足の生活を営む小作農でした。父の両親は、全部手作業で昼は田畑で米や麦、菜種を作ったり、山林の作業をしたり、夜は米俵のための藁細工や針仕事を続けてやりくりしていたそうです。

そのころは一反に米六俵か六俵半穫れて、そのうち約半分を年貢として地主さんに納めなければいけません。暮らしは厳しく、生計を立てていくのは並大抵ではなかったと聞きます。当時の日本は八割が農家で、そのうち小作農家が六割だったそうです。

龍国寺のお座敷。父の耳はかなり遠いものですから、横に座った私が、みなさんの質問を〝通訳〟して父に伝えるかたちになります。

「お父さん、一年中働いて一反に米三俵くらいしかもらえんときに、どげんして大家族を養いよったと？　って」というふうに。父がそれに答えます。

うーん、そのころはね、今のごと副食はないけん、一年に一人当たり三俵（一八〇キロ）くらい要りよった。子どもはうーんとこまかったけん、一〇人おりゃそれでも二七俵。八反で二〇俵余りしか手元に残らん。文字通りの水呑み百姓たい。全部年貢にやったら、食べるとが足らんけん、あとは地主に借りるとです。地主は千俵も持っとらっしゃあけん、いくらでも米はあるけん（笑）。一年中働いて返していかにゃいけん。それが昔の小作人農家やった。

農業はぜんぶ手仕事。そんでもう家もね、藁葺きの一軒家。家族一〇人、一緒にゴロ寝たい。そげな生活でした。ポンプもなか。全部つるべで井戸水汲んで、洗濯は小川でして、もう、どん底もどん底、やっとかっと生きてきたような生活がずっと小さいときから。今から考えたら、考えられんごたぁことやった。

青春もなんもなか

私は幼いころ、祖母と一緒に寝ていました。祖母は八人の子どもを産み育て、最後に産後の過労で失明して長く病床にいました。祖母が五七歳で八人の子どもを残して亡くなったときは、さぞ心残りだったろうと思います。祖父は八八歳で亡くなるまで元気でした。

実は父は話し好きで、話し始めたらそれはそれで止まらないくらいなのです。

当時、農家の人は息子ば高校にやるなって言いよった。高校にやったら百姓せんけん、跡取りのなかごとなるって。小学校を終えたらやめさせて、仕事のほうばさせれって。勤労する癖を付けにゃあ、骨折らんで頭ばっかりで金取ろうとするけんって、そげんみんな言いよった。

いちばん苦労したのは親のほうたい。やっぱぁこれから先は学校に行かせとかにゃ先で困るだろうちゅうて、夜明け前から夜遅うまで働いて、食うつ食わんつの中、農学校にやってもろうたばってん、親の骨折りよう姿を見とうけん、卒業したら早う親の加勢せにゃならんと思うとった。

そうばってん、そのころは仕事という仕事はなかった。夏は山の国有造林の根ざらい（雑木の伐採作業）とかしかなか。食うていかるるはずもなかでっしょうが。とてもとても想像を絶する生活やった。

そういう惨めな生活がずっと続いて、それへ日支事変（日中戦争、一九三七年）が起こって日本も間違ごうた道を進んだもんだけん……えらい激動のなかやった。

戦時中、今のごと外国から食料も来んし、食料難でっしょうが。誰もかんも食べもんが足らんで。そのときだけやったですね、農家に親戚のあるて言うたら「良かなぁ、食ぶるもんがあって」と町の人から言われよった。

そんで、町の人は田舎に買い出しに来よらっしゃったけん。汽車に乗って、リュックサックかついでね。そんでもその当時は私も覚えとうが、町の人は良か着物を持ってきて、米や野菜、卵と交換して帰りござった。そげな時代やったです。

そんで青春時代もなんもなか。全部、戦争やもんなぁ、もう（笑）。終戦になったとがちょうど成人する歳でした。

父は大正一五年、つまり昭和一年生まれですから、生まれてから本当に昭和と一緒に時代を生きてきました。

いよいよ百姓せんならんごとなったけん、いちばんに私が考えたとは、どうかして自作農にならにゃいかん。自作農やりゃ年貢納めんでよかけん、て。自分の田を我《わ》が作りきるほどにならにゃいかんというとが、若いときの考え方やった。

ばってん、とても高うして土地を買うことはできんやったですもんな。五年十年働いても、一反買わるる稼ぎやなかったとです。そんころ、一日《いちじつ》働いたっちゃ一円五〇銭くらいの給料じゃあね、二〇万円もそんなとてもとても。

そういう生活のなかからいちばんに考えたのは、これは反収（一反当たりの収穫量）を上ぐる勉強をせにゃあ百姓で食うていけんということやった。面積をいくら欲張ったっちゃ、五俵半納めんならんところを、五俵半しか穫れんなら何もならん。六俵穫りきりゃ半俵残るでっしょ。七俵穫りきりゃ一俵半残るじゃないですか。一反から米をできるだけ余計穫りきらなぁ利潤はないちゅうことがようわかった。

それから、ずーっと反収上ぐるための勉強をあらゆる先生について教わった。そういうことがことの始まりやった。

振り子は一方には振らん

筆まめの父は自分の歩んできた半生を簡単な手記にまとめています。「昭和十六年四月福岡県立糸島農学校に入学」の項には「学校も戦時色が強くなり、教練等の軍事訓練が日課となり、行軍や飛行場の草刈り、人手不足で農作業の奉仕作業が多く、勉学は二の次で実習畑も次第に南瓜甘藷等の食糧作りが多くなった」と記しています。

終戦の年の四月、父は皇室の新嘗祭の献上米を作る「奉耕者」に選ばれたことをきっかけに、お米のことを必死で勉強するようになりました。農業で身を立てる決意をしたのです。

戦後のＧＨＱによる農地解放で、地主は持っている農地のほとんどを小作農に格安で売り渡しますが、父の借りていた田んぼは地主の家の近くだったので、ずっと解放されずに戦後一五年ほどは小作を続けていたそうです。

私ら地主さんの近くの田を持っとったばっかりに解放されとらん。ただね、金納制になった。年貢を納めんで金で納めれと。それでずーっと納めてきとったたい。

親からの遺産相続は全然なかった。家も屋敷もなーんもない。田んぼも全部小作やった。それはね、昔から言うた、「若いときの苦労は買うてでもせぇ」って。それがどこかで役に立つごとなっとる。

これがまあ、世の中の不思議なとこ。時計の振り子は一方には振らん。そうでしょうが。こっち半分振りゃこっち。そうなっとうごと、とことん実際で体験させられた。片一方良けりゃあ、必ず悪いことが付いてくる。

「福は内、鬼は外」って言うが、福が内いるんなら鬼も内いれにゃ。鬼ば外言うなら福も外にせにゃ。

こら頑張らにゃいかん

農業を学ぶために、父が熊本県の昭和村（現八代市昭和日進町）にあった「松田農場」（日本農友会実習所）に通っていたことは、私も小さなころから聞かされていました。「昭和の農聖」と謳われた松田喜一先生（一八八七〜一九六八年）が一九二八年に開設した松田農場のことは、九州で農業をやっている年配の方で知らない人はいないと思います。

松田先生は県立農業試験場時代に麦の生産性を高める「松田式麦作法」を考案して全国的に有名になり、その〝道場〟ともいえる松田農場で直接指導を受けたのは約三千六百人に上ります。春と秋の年二回、三日間の定期講習会には毎回数千人の農村青年たちが各地から集まったそうです。講習があるときは臨時列車が出たりしていました。

——お父さん、松田農場のことば話して。

最初に行ったとは終戦後の昭和二一年（一九四六年）。戦争に負けて、若者は復員なしてくる。アメリカの占領政策でどげんなるかわからんけん、若者は毎日毎日、遊び回って、田舎芝居に毎日弁当持って行きよったったい。そげなふうやった、まわりは。

ところが、こげなもんば見に行きよって果たしてよかじゃろうかと私は思いよったた。そうしたところが、先輩が「農場で講習のあるけん来《こ》んな？」て言うて誘わっしゃったけん、ほな私もどうしてよかかわからんけん、いっぺん話聞いてみよう言うて、行ったとですたい。

そうしたところが、終戦直後やけん、今のごたぁ客車じゃなかとや。ロープを張った貨車に寿司詰めして乗っとうけん。博多駅から熊本行きは一時間に一本、晩の十時ごろ乗って、明くる日の朝しか着かん。

いっぱいで乗られん人は蒸気機関車の前の台に広ーかところに四、五人乗っとった、一晩中（笑）。熊本の先まで行ってやっと夜が明けたが、前の台に乗っとるもんは蒸気機関車の煙でみーんな真っ黒黒じゃ。あんたたちゃあ、顔洗うてこにゃって、ハハハ…。

そうして駅に着いたが、ホームいっぱい人がおろうが、松田農場に来よる人。それで初めて知ったたい。そげなまでに有名な人やろうかって思うて。

春と秋の講習会では、参加者の長蛇の列が国鉄の駅から農場まで数キロに渡って続いたそうです。秋の講習会には六千人から七千人が集まったということです。

そして三日間、夜も昼もご飯食う時間もなかとやけん、先生は講義と実習をぶっ通し。先生がはじめに言わっしゃったとはね、「日本は戦争に負けた。どげんなるか自分もわからんばってん、国だけは残っとるけん、なくなることはなかろう。いま日本は食料不足だけん、農村が立ち上がらにゃつまらんど。ボヤボヤしとらるるか。

しっかり勉強して働いて、米やら甘薯やら腹の太るもんば作らにゃあ日本は立ち上がらん。農業にとっては千載一遇の時ぞ」って熱意と気合いの入った話やった。

精神教育やけん、みんな誰も彼も心を入れ替えて「こらぁ、こんなことしとったらつまらん。来てよかった」って、そげん言いよった。農場の見事な作物にも目を見張って「こら、頑張らにゃいかん。やろうばい」。そのくらい感動して、この先生に就いて農業を学ぶ決心をした。

私は入所はできんやった。家庭がそげな余裕はなかったけん。春秋の講習だけは三日間、ずーっと通った。それからこっち、地方に講演に来られよったけん、そのときごとに。二〇歳のときから、先生が昭和四三年に亡くなられるまで二三年間、ずっと先生に師事した。

どん底生活、どん底教育

松田農場で直接教育を受けた実習生は、朝の五時の朝礼から農作業は夜まで続き、食事は視察者が「豚も食わん」と顔をしかめたほどの粗食だったそうです。

生徒も苦労教育です。中学出てすぐやから一六歳からか。高校卒業してから来る人もある。冷房とか暖房とかなかとやけん。暗かうちから起きて冬はずうっと藁打ちたい。こたつもぐりの寒がる人に貸してやりたい藁と槌。そうすりゃいくら寒うても体が熱うなって湯気の出ろうが。夏は泥かつぎたい。

そうして食わするものは雑炊ばっかりやろ。ご飯もなかりゃあ、秋からは甘薯《さつまいも》を刻みこんで、春から先は市場に出されんごとなった菜っ葉を生徒が炊きよった。塩ばパラッと入れて、もうそれだけで、おかずもなんもなかった。

はじめ二、三日は青臭うて食われんとですよ。食われんけん捨てとったら、松田先生が回ってきて「こげんとこ捨てて」って生徒の前で自分が食わっしゃる。教育は口だけじゃなか、実習所やから自分の一挙手一投足、真似してもらわないけん、そげんやり方でした。それでも生徒は一年やけん。先生は一生、雑炊食うて過ごさっしゃったですけんなぁ。

風呂もなかとですよ。冬も横の川で行水やし。もう、どん底生活。どん底教育。松田先生は「犬のごたぁ生活ば三年せれ。人のごたぁ生活のできる」って。「はじめから人のごたぁ生活ばしよったなら、先は犬のごた生活せんならんぞ」って精神教育しござった。「手元下げれば先上がる」という言葉、私も頭に残っとる。わが体験しようことやけん、頭に響いたわけたい。

毎年二百人募集したとばってん、百人は逃げて帰って卒業生は半分。私に言わすと、苦労させることが教育なんですよ。私たちゃまた極端。戦時中のどうもこもされんなかで育ってきとうけん、みーんな戦時中で「勝つまでは我慢しましょう」で、なーんもなかところで暮らして。そういうことをやったけん、今日の日本があるとです。

人間はやっぱ順調に行きようときゃ良かばってん、長い人生の間にゃあ逆境に遭うことがあるけん。そんときにどう対処しきるかは、やっぱぁ苦労人やないと対処でけん。おそらく今のごと恵まれた生活で暮らしとりゃ、自力で這い上がるちゅうことはできんやろうと思う。いま恵まれた社会で、あんまり揃い過ぎて教育にならん。大きな岐路に立っとうと思うとる。

こうした便利な生活すりゃ得るものがある半面、失われていくものがあるとやけん。福の神と貧乏神とあるとやけん。片一方拝まれれば、もう一方も付いてござっしゃる。切り離されんとじゃもん。そげんかふうに世の中作ってあるもんやけん。私ゃそう思う。天地相手の農業を六〇年やってみて、そういうことがわかってきよる。そんでん世の中が難しかとです。

「事足れば足るに任せて事足らず、足らで事足る身こそ安けれ」って言うこったい。

人並みなら人並みぞ

私も父からたびたび松田先生の教えを聞かされました。父が最も印象に残っているのは朝礼で、毎朝、松田先生が農友神社の前で訓話を話されたそうです。戦後の混乱の中で若者たちがやる気をなくしているときに、「学ぶことによって自分をつくれ」と発奮を促したとのことです。私も『農業を好きで楽《たのし》む人間になる極意』（一九八〇年、日本農友会）を読んだ覚えもあります。今も父の家の天井に「自分が変れば世の中変る」と書かれた紙が貼ってあります。

――松田農場でね、松田先生の言葉、いっぱい教えんしゃったろう？　お父さんの中で、いちばんどういう言葉が残っとう？

そらもう格言はいっぱいで、「自分が変われば世の中変わる」「人並みなら人並み、人並み外れにゃ外れぬ」「事業は高く、生活は低く」「三作れ。人間作れ、土作れ、作物作れ」「左に積善、右に生産」。

「不知火の海には百貫過ぎの石がある」。海岸の岩が不思議に見えたり隠れたりする。世の中は潮の引いたり満ちたりするばってん、百貫石は動いとらん。どげな時代になっても、これならという信念を持ったら動くな。

見えんごとなったときは潮の満ちたとき。見ゆるごとなったときは潮の引いたとき。世の中はそげん変わっていくっちゃけん、それに動かされたらつまらん。しっかりした信念持っとりさえすりゃあ、人の噂とかなんとかで動くこたぁなか。一生それを貫き通すって言いござった。そういう先生やった。

そんで、私たちの年ごろのもんは、だいぶん先生から精神教育を受けて鍛えあげられて、辛抱した人はやっぱぁみんな地方地方で成功しとう。酪農しとっても、養鶏しとっても、先生の教育を受けた人は人生観が違うけん、少々のことでぐらつきゃせん。

そんでん、人間良かとこも悪かとこもあるとですよ。先生は観音様のような慈悲の心もあるし、仁王様のような勇猛なとこもあった。猪突猛進、イノシシは脇目せんげな。思うたことまっすぐ行く、そういう性格。

ばってん、受けたほうからみりゃあね、先生の良かところだけば取ってするがいちばん良か。そりゃ人間は誰でも個性持っとうけん、良かことや悪かことやらある。農法はやっぱぁそのころやけん、農薬も使いござったしね。今の時代からすりゃあ、考えにゃならんこともある。立派な野菜、立派な米をつくることだけ考えて、今のごと農薬使うなとかは言われんかった。

ただ松田農場は有機農法やったけん、貨車で山から草やら持ってきて、堆肥を入れござった。それから周囲が干拓地やけん、葦がいっぱいあるとです。それを取って堆肥にして、しまいにゃ人のびっくりするごたぁ稲やらできよった。

美味は勤労による空腹をもって

——お父さん、松田農場で栄養士の話あったろうが。

うーん、終戦後ね、そろそろ食料の事情もようなって、でんぷん過多のタンパク不足で、栄養士が出来て国民の健康のことを言うごとなった。それで学校給食も始まったと。

それまでは、日本人の体格は外国人に比べたらこまかった。そんで栄養をよくしてやって、体格をよくしようということで始まったのが学校給食たい。

そんで、松田農場も一つの学校やけん、栄養士さんが来て、生徒たちの食べよる雑炊ば見て「これじゃ栄養が足らん」とか言い出した。実習所やけん何もかも理屈でなく裸になって見せちゃれということになったばってん、生徒たちは栄養の悪か雑炊食って丸まる肥えとって、その栄養士さんは痩せちょったげな（笑）。

それでね、どういうことがわかったかいうと、いくら栄養があったとしても、食べたもんがおいしゅうなきゃ絶対、栄養にはならん。生徒はね、日本で一番働くというくらい、朝は朝食前から、昼働いて、晩には晩で夜業までして働く。働くけん、しまいにゃ腹が減ろうが、そんで雑炊っちゃあ食うごとなる。

初めは食べんで捨てよったが、三日もすりゃ食わにゃひもじゅうして生きとられんけん、雑炊でも食うごとなろうが。そうして食うた雑炊なら、あげん良かもんはなか、一〇〇％消化するはずって。

いくらごちそう腹いっぱい食うたっちゃあ、それ以上は腹こわして下痢するだけで、いっちょも栄養にはならんとですばい。カスになって出て行くばっかり。そんだけん、「美味は勤労による空腹をもってこれを求め、寒暑の差は勤労による汗をもって調節」、「勤労は人身を浄化し、健康長寿の基」これがいちばん健康にええゆうこっちゃ。そうして金のかからん栄養術はそれだということになった、ハハハ…。

感謝報恩が最高の百姓

松田先生の各地の講習会は盛況で、糸島にもたびたびいらして、近くの小学校の講堂が入りきらないくらい人が集まったそうです。午前中より午後に聴講者が多くなったのは、昼食でいったん帰宅したとき、家族にも話を聞かせようと一緒に連れてくるからでした。

父には農業に対する熱い思いがあったと思うのですが、二千人もいるなかで人を押しのけて前に座ることは性格的にできず、一歳になる私を一人、松田先生のツバのかかるところに置いていたということです。赤ちゃんだったらいいだろう、と。今思うと、やっぱり父は農業に対する思いを私に託していたのかなぁとしみじみ思います。
松田先生の「百姓の五段階」という話も、私は父から教えられました。

生活のための百姓が二十姓
芸術化の百姓が四十姓
詩的情操化の百姓が六十姓
哲学化の百姓が八十姓
宗教化の百姓が百姓

最後まで来ることができたら真の百姓になれるということです。

——お父さん、松田農場で教わった「百姓には五段階ある」っていう意味を教えて。

百姓いうとはね、みんな最初は食うことばっかり、生活のための百姓、二十姓しかなか。それで芸術、百姓の技術を楽しむごとなりゃあ四十姓になり、そうなってくると四季とか自然のおもむきとか詩的情操がわかる。農業のおかげで、この地球上は立派な楽園になっとるじゃないかと。それが六十姓。

詩的情操がわかるごとなると、土の哲学がわかる。真理がわかる。八十姓。真理がわかると今度は宗教。宗教ってなると何か拝むことって、そうじゃなか。感謝報恩の生活を送ること、それが最高の百姓じゃという。

で、自然とそげんなっていきよると。しまいにゃこの世に感謝。感謝だけではいかん、報恩してあの世に逝かないかん。自分が立派な人間になるだけじゃあいかん、この世にお返しして逝かにゃいかんという。それが本当の百姓じゃと。それを「宗教化の百姓」ていう。感謝報恩してこの世を去りきるごとなりゃあ、それがいちばん。


私はいつもこの「百姓の五段階」を父から聞かされて育ちました。思いがあれば百姓も、そんなふうに変わっていくんだと思うとすごいなぁと思います。でもまだまだだなぁ。

父が松田先生と出会って道が開けたように、私も川口先生という師と出会って自然農の世界に歩み出します。それは驚きと喜び、感動の日々の始まりでした。

第3章 自然農をなりわいとして

学びの場でヤッホー

自然農に出会った私は、一九九二年から川口先生を講師にお迎えして、仲間と一緒に自然農の勉強会「福岡自然農塾」を始めました。川口先生には毎年二回、一泊二日で自然農の基本と理を懇切丁寧に教えていただきました。それは結局、一四年間も続くことになります。

問題は場所でした。私の家の田んぼは人に貸していました。近くに標高三五〇メートルの唐原《とうばる》という山間地がありました。平家の落人部落で、加布里湾と糸島平野を眼下に見下ろし、絵はがきになるくらい美しく見晴らしのいい場所です。思わず「ヤッホー」と叫びたくなって、ここでやりたい！

龍国寺に相談すると、唐原に土地を持っている檀家さんに貸していただけることになり、唐原の田んぼを拠点に定期的な自然農の勉強会が始まりました。最初は二人から始まって、三年間で六〇人に増えました。

大雨になると、私は田んぼの水かさが気になって、夜中の二時でも真っ暗な山道を車で上っていきました。田んぼの石垣に耳を当てたら、ゴーッと地下の水脈に水が流れる音が聞こえます。怖いような、すごいような。

あるとき、私が仲間に

「ここ、ヤッホー村にしたいなぁ」と言ったら、

「だったら松尾さんが村長になれば」と言われて、

「村長っていう柄じゃないなぁ。畑のハイジなら」

ということで、以来、私は〝畑のハイジ〟を名乗るようになりました。

唐原の自然農塾は地主さんに田んぼを返す九四年まで続きました。村山直通さん、鏡山英二さん、鏡山悦子さんご夫婦、木下まりさん。今の福岡自然農塾の中心メンバーはみんなここで育てられました。

当時、記録的冷夏による米不足のため、日本中にタイ米が出回る〝米騒動〟が起こりました。やっぱり自分たちが食べるお米は自分たちの手で作りたい。私は自分で自然農のお米を作ろうと、貸していた田んぼの一反を戻してもらい、半分は自給用、半分は自然農塾の実習用に、松国でお米作りを始めました。

畑の野菜作りは自然農に切り替えると、収量が減るのはわかっていたので、奥の二反で実験的に自然農の作物を育て、手前はこれまで通り有機農法による野菜作りを続けました。野菜をお届けしていたお客さんにはなかなか自然農のことを理解してもらえませんでしたが、自然農の野菜ができたら、「自然農をやり始めたのでお試しください」と言って少しずつ紹介しました。

そんな姿を見て父は「こんなとじゃ食べていかれん」と猛反対。確かに最初のころ、自然農の野菜は小ぶりで形が不ぞろいで、見ばえは立派じゃありませんでした。でも私は「したいけん、する」と譲りませんでした。

父は私がいないときに、自然農の畑の草を刈ったり耕したりしました。几帳面な父には草がぼうぼうと生えた畑がどうしても目に付くのです。

「お父さん、申しわけないけど、私は自然農の勉強がしたいけん、雑草が目に付こうけど、見んふりして、ちょっと畑に入いらんといて」

私はそんなふうに言い渡し、いちばん奥の畑は「立ち入り禁止」にして、自分だけでこつこつやっていました。

それでも父は気になって、時々は自然農の畑を見てくれていたようです。すると私の畑は耕さずに草も生えているけれど、小さいながらもちゃんと野菜が育っています。そして草の色がすごくきれいに変わってきています。

「野菜よりも何よりも、草の色が変わってきたけん、本物じゃなかろうか」

普通は育った野菜に目が行きますが、父はまず草の色を見て判断しました。父なりの視点で自然農について理解していったようでした。

畑の上にも三年

私は学びと実践を続けるうちに、有機農業との併用ではなく、自然農一本に切り替えたくなりました。

そのためには、「お客さんがゼロになってもやりたいのか」という思いにならなければやれません。最初からやり直すという覚悟が必要です。「それでもやるのか」と自分に問いかけました。家族にも両親にも相談しませんでした。そして「ゼロになってもいい。自然農をやりたい」と心に決めました。

野菜やお米を育てることにはある程度自信があったけれど、収量となると自信がありません。かといって、失敗したら有機農業に戻るという考えもありませんでした。だとしたら、有機農業をやめるにしても、それまでのお客さんに迷惑をかけないようにしなければいけません。やめ方を大事にしなければ――。

北九州の約六〇人のお客さん、そして私の作った野菜を宅配してきた方の生活もかかっています。お客さんたちには、やめる半年前に「どうしても自然農をやりたいので」とお断りしたうえ、ほかで有機農業をやっている人を紹介しました。最終的に利用者は一五人に減りました。一五人ならなんとか自然農でも野菜を届けることができるかなぁ。自然農で食べていけるという自信はありませんでした。ただ、自分はやりたいことをやりたかった。自分自身が自然農の野菜を食べて、この味を知ってしまったから。この野菜はおいしくて安心ですよ、食べてみませんか、試してみませんか。そんな思いでお客さんとご縁を結んでいきたかったのです。

すべての畑を自然農に切り替えたのは九七年。自然農に初めて出会って七年後です。収量が落ちることはわかってはいたけれど、本当にやっていけるのか。実際はドキドキしたんですが、でも自分は自然農をやりたいのだからやるしかない。

ただ、それまで有機農業をやっていたので、農薬に頼らない生態系は畑にある程度できていました。土もいちどきに変わらないし、営みに任せて三年は覚悟しなければ。石の上にも三年。畑の上にも三年――。

「あなたんとこはご主人が勤めよんしゃるけん、そういうことができるったい」

まわりからそう言われるのは正直言っていやでしたが、でも確かにそれはあったかもしれません。

当時、川口さんに学びながら自然農で営農を志す人はおらず、一年遅れて徳島県阿波市の沖津一陽さん、静岡県沼津市の高橋浩明さん、福島県丸森町の北村みどりさんが加わりました。いわば私たちが「営農自然農の第一世代」といえると思います。営農組は、それから一〇年間ほどはこの四人にとどまり、なかなか増えませんでした。

健康な土は人間には作れない

自然農に切り替えたときは、基本に忠実に野菜作りをしていました。

「耕さない」「草や虫を敵としない」「持ち込まず、持ち出さず」

つまり肥料や農薬を用いず、田畑にある生命たちはすべて田畑のなかで巡らせる。人間が手を貸すのはほんの少しで、余計なことはなるべくせずに、基本は自然の営みに任せます。

山を思い浮かべてもらえればいちばんわかりやすいのですが、山の木々は自分の枯葉を落として長い年月のなかで腐葉土にして自分をはぐくみます。足元は耕していないのに、もうフカフカで、すごくいい香りがします。

朽ちた草や虫が積み重なって層を成し、やがて土が団粒構造となって地力が付いていくのです。いったん耕すと、せっかくできたその豊かな生態系が壊れ、今度は肥料が必要になります。

田畑にはいろいろな草が生えますが、そのほうが地力があり、それだけいろんな草をはぐくむ力があるといえます。耕したら、どっと草が生えるけど、なぜか一種類か二種類しか生えません。その違いが土の豊かさと地力を示すのだと思います。自然界の不思議を思わされます。

だから初めて自然農の田畑を見た人は、草がいっぱい生えていて、びっくりすると思います。この草は虫の餌になります。虫は意外と野菜よりも草が好きですから、草がないと野菜を食べるんですね。だから草を刈るときは虫の餌を残し、そしてすみかを残す配慮をしながら。半分刈って半分は虫たちに残してあげます。

刈って土の上に置いた草は、日差しの強い夏には保水、霜が下りる冬には保温の役割を果たします。寒のひどいときには助けてくれます。だから草の種も大事なのです。

刈った草や稲藁は田畑から持ち出さず、そこにあるものはそこで一生を終えさせます。田んぼのものは田んぼに。畑のものは畑に。籾殻を畑にたくさん使うと、次の野菜が育ちにくい。山のいのちを田畑に持って行くと、やっぱり強すぎます。いのちの理からすれば、そこにあるものをできるだけそこで生かすのが基本です。

本当に健康な土は人間が作ろうとしても作ることができません。土の中に住んでいる虫や微生物しか作れないのです。虫たちの営みが土を豊かにしてくれている。耕すことは彼らの大切な営みを邪魔することなのです。

補うこと巡らせること

自然農を始めて一年目は、有機農業をやって畑にまだ地力があったため、野菜はうまく育ちました。でも二年目は予想通り収量がガタンと落ちました。刈った草や小動物が朽ちてできる土の層が不十分でした。やっぱり地力が不足していたのです。

自然農も有機農業も農薬や化学肥料を使いません。有機農業は人工的に発酵させた有機肥料を土に加えて地力を付けますが、自然農の原則は「持ち込まず、持ち出さず」です。しかし二〇年、三〇年と腐葉土が重なった畑なら基本の方法で十分育つけれど、私は有機農業の経験から、そのときの自分の畑は地力を補ってやらなければ出荷できるまでに野菜が育ちきらないことがわかっていました。

やはり生業にしようとしたときには基本だけでは立ちゆかないところも出てきて、三年目から畑で採れた菜種の油かすなどをまいて畑の地力を補っていました。私にとっては刈った草も、畑から取れた油かすも、次のいのちのためにある、同じ畑のものとして区別がありませんでした。

私の野菜を待っているお客さんに確実に届けるために、「補う」ことも自分の中では納得できていました。時を経て川口さんがおっしゃるように、油かすや米ぬかは肥料として外から「持ち込む」のではなく、「生態系の巡りのなかで穫れるいのちの一部分を借りて生かす」ことです。

一年目でもそうやって補えば、自然農の作物は十分できます。いくら種をまくのが楽しいと言っても、やはり野菜が育って収穫できなければ気落ちします。実際に少しでも自分が食べるものが姿として現れなければ続きません。

私は「地力の足らない田畑は、冬の間に米ぬかや油かすで補っておけば一年目からうまく育つよ」と言っています。それで一年目二年目の不安は軽減されるでしょう。

ただ、またその言葉に捕らわれると、肥料のような感覚で油かすや米ぬかを与えてしまいます。自然農の理がわかったうえで補うのと、わからないまま補うのとでは大きな違いがあります。田畑の地力を見るために、いっさい補わずに作ることをいったんくぐり抜けることも大切だと思います。

言葉にとらわれず

何度も失敗しながら、私の畑に合った方法を自分なりに見つけ出していきました。たとえば、丘の上のほうにある畑は風が強く、苗を飛ばされて何度もつらい思いをしました。だから苗を保護するための風よけの行灯《あんどん》を設けました。先生である川口さんがされないことを私がするのを見て「これは自然農ではない」と指摘する人もいました。

川口さんはいろいろな地域で開かれる勉強会に出かけては質問に応じます。「風が強いときはどうすればいいですか？」との問いには「行灯をしたらいい」と答えられる。すると初めてみんながやり始めます。

教えられる側は、どうしても教える側の言葉一つひとつを大切にします。それはそれとして必要で大切なことですが、同時についつい言葉に捕らわれてしまうという落とし穴もあります。それを知ることも大事です。

川口さんご自身も、二年は失敗を重ねたうえで川口さんなりの工夫をして、現在の自然農の基本を確立されました。いつも「僕の言葉に捕らわれないでください。農は一人ひとりの手の貸し方があり、それぞれの農が自然農です」とおっしゃっています。

あくまで教えに忠実でありながら、一方で自分の畑に合うやり方をそれぞれが見つけていく。でなければ作物は着実に育っていかないことを、私は自分の体験を通して知りました。

それと同時に、私の田畑が「自給のための自然農」や「自然生活のための自然農」と違っていたのは、「生業としての自然農」であったということです。

もちろん、自給農も営農も自然農である限り、基本のところでは何も変わりません。それでも、それぞれやり方にはおのずと違いがあり、生業としての農と出荷しない自給農との違いは、なかなかまわりには理解してもらえないところがあります。

たとえば人間と一緒で、理想を言えば疲れた畑は休ませてあげたほうがいいのですが、営農していればどうしても次から次につくる場合があります。そうすると「持ち出す」量が多くなり、地力が落ちて野菜本来の姿になりきりません。だから足りない分を少し補って巡らせていく。そういう工夫はしています。

草を刈るのに基本は鎌を使っていますが、一ヘクタールの広さがあるので、畦や道や土手などは草刈り機を使っています。

連作はしないほうがいいし、自家採種の種のほうがいいのですが、あんまりそれに捕らわれすぎると、自然農そのものがやりづらくなっていきます。置かれた状況のなかで自分ができる精いっぱいのことをしたらいいんだと思います。

そして、時間や人手などに余裕ができて、今年はここに挑戦しようかなと思われたときに、できるだけ自分の理想のほうに近づけばいいと思います。極めていこうとすると、えてして世界が狭くなっていきます。あんまり理だけでやろうとすると、柔軟な対応ができなくなります。

命の力強さはすごい

お米の種類は全部で千くらいあるそうですが、私は一〇種類くらい、ヒノヒカリをはじめ古代米も楽しみのひとつとして作っています。

稲の姿はそれぞれに特徴があります。赤米は夕陽みたいでお米なのかなぁと思うぐらいきれいです。緑米の穂は、外は紫色ですが中は緑、茎も最後まで青々しています。タイの香り米はかんざしにしたいくらい穂の形が美しく、香り米なのでご飯に混ぜると香ばしい香りがして食欲をそそります。収穫のころ、田んぼは稲穂で色とりどりになって、まるでパッチワークみたいになります。

自然農のお米は強くて、茎はワシワシしていて萱のようにたくましい。私は稲刈りの鎌を入れるときのサクッという感触が大好きで、毎年稲刈りの時期になったら鎌を新調するんです。それは、今年も豊かに育ってくれたという感謝の気持ちを込めて、それから清らかな気持ちで稲を刈りたいという私の思いから。

刈り方は、右利きなら右から刈って、刈った稲穂は左に置いて、刈って置く、刈って置く。鎌を持つときに肩の力を抜いて、サクッサクッサクッとリズムに乗って。

自然農でできた野菜は小ぶりだけど香りが高いですね。甘くて濃い味の野菜に慣れると、自然農のあっさりした味がもの足らなく感じますが、でも慣れてくると、自然農のほうが後味がさわやかで、これが本来の味だなぁと思うようになります。

色も違います。比べるとよくわかりますが、稲穂だったら熟した姿がきれいです。野菜なら葉の色が澄んでいて、色は淡いけどグリーンに濁りがありません。

驚かされるのは、その生命力です。キュウリがあと少しで実がなるというときに、台風に遭って全滅したことがありました。完全に倒れて葉っぱが一枚もなくなり、「これはもうダメかなぁ」と見ていたら、なんとそれからちゃんと花を咲かせて実がなりました。

普通では考えられないことですが、キュウリも次の世代に種を残したいという強い思いがあって、必死に生きているんですね。約七〇年間、農業をしてきた私の母もそれを見て、さすがに「すごかなぁ。自然農はこげんも生命力が強かばいなぁ」と驚いていました。

台風で白菜がシュワシュワになって、もう目も当てられない感じになったときも、立派に立ち直りました。だめだと思っても、頑張ってねと手をかけてあげると、みんなびっくりするくらい復活します。

むしろそうやって一度元気をなくして復活した野菜のほうが、かえって順調に育った野菜よりも生命力が強いですね。苦労しているほうが長い目で見ると生きる力が強いなぁと野菜を見て思います。順調に育っていると、終わるときはパタンとすぐに終わってしまう。人間と一緒だなぁと思います。

生命力が弱い野菜は、すーっと実って、すーっと終わります。でも自然農だと実になっている期間が長い。秋になった実が霜の降りるまでなっています。自然農で採取した種がほぼ一〇〇%発芽するのも生命力が強いからでしょう。

命の力強さはすごい。ああもうダメかな、収穫できないかな、そう思っても、最後に命が吹き返して、思いがけず実りをもたらせてくれることがあります。お米なら最悪でも一握りの籾が取れれば、来年の種子《たね》おろしに使えて次の年につなげることができます。最後まで絶対にあきらめちゃいけない。これはお米や野菜たちから学んだことです。

お金はなんとかなる

私が自然農を続けてこられたのは、両親の支えがあったからです。両親は農業の基本技術を持っていたし、自然農の勉強会などで家を空ける場合も、父と母が王丸から松国まで来て畑の世話をしてくれました。

　でも当初、私のいないとき、父母はこれまでの自分たちのやり方で農作業をするため、しょっちゅう草を刈りすぎていました。自然農の理は頭で分かっていても、どうしても草が土の栄養を取って野菜が育たないと思ってしまうようです。虫たちが野菜を食べないためにも草を残さなければいけないことはやっているうちにわかるのですが、長年の経験がしみついた体はそう簡単には変わりませんでした。

　父は一生懸命やるあまり、どうかしたら私の畑というのをすっかり忘れているときがあります。自分は手伝っているということを忘れてしまうのです。父には父の考えがあって、私と意見が合わないときもある。そういうとき、最後の決めぜりふは「お父さん、申しわけないけど、ここ、私の畑よ」(笑)。

　この先、私の父母が年老いて農業を手伝えなくなるのはわかっていました。私の畑で自然農を覚えている研修生にしても募集しているわけではないので、いつまでご縁があるのかわかりません。そんなとき、夫がサラリーマンをやめることになりました。二〇〇〇年のことです。

　夫が会社を辞めようと迷っていたとき、私は「うちは土地があるけん、先祖さんが天の声で土地を守りなさいと言ってあるとよ」と言いました。夫もそれで腑に落ちたようでした。私と父母、そして夫が農業に加わることになりました。

とはいえ、そのころ長女が私立大学に通っていたので、正直言うと「やっていけるのかな」とハラハラドキドキでした。長女に修学旅行を「自分はいかんでいい。ほかにもおるけん、どうもない」とあきらめてもらったのは、親としてはやっぱりせつなかった。

収入はがたんと落ちました。生活をなるべく切りつめて質素に。でも私は「主人と一緒に働けるなぁ」と喜んで、「足るを知る暮らしをしよう。足らんかったときは足らんかったで、そのとき考えよう」と一方では楽観的に構えていました。夫は夫でもともと欲がないほうだから「いらんいらん。あるもんでよか」。

自然農をして暮らしたい。農業で身を立てたい。そう思ったとき、みんな心配するのは、やはりお金のやりくりなんだと思います。でも私にとっては、お金はいちばん解決しやすい問題です。

というのも、それまで父が大きな借金を肩代わりしたことや、夫のブドウ栽培の借金を、この目で見てきています。でもこうやって元気いっぱい暮らしています。仕事を選ばなければ、お金のことはなんとかやっていける。いつでもゼロからやり直せる。そう思っていますし、実際そうなんです。収入面での厳しさはあるけれど、自分の全責任で動けることは、やはり自由で元気が出ます。

私たちには畑と田んぼがありました。私はそこで働いていました。いざとなれば食べることだけはできる。そういう安心感がどこかにありました。そしてその安心感は、人が生きていくうえで、とても大きなことなんじゃないでしょうか。

すばらしいと思えば思うほど

夫と二人で農業をやるといっても、それはすべて自然農で、ということではありませんでした。夫は「有機農法でお米を作りたい」と貸していた田んぼを返してもらい、七〇アールのうち二五アールを有機農業、一七アールを自然農の学びの場、四アールを自然農の自給用、残りの二四アールは減反としました。

夫は、自然農塾の勉強会や見学会には一歩引いたところで関わっています。二人で一緒に働くようになって、けっこう夫婦の会話も増えました。

私としては、本当はもうちょっと自然農のことに関わってくれたらと不満にも思うけれど、でも違った視点でものを見る人がそばにいることの大事さも思います。

すばらしいと思えば思うほど、どうしてもほかが見えなくなります。視野が狭くなって、狭くなっていることに自分で気づけなくなります。外からそれを指摘されると、余計にかたくなになります。そういうことってないでしょうか。それはいつも、私たちのそばにある大きな落とし穴です。

夫と私では大きなところでは価値観を共有していても、やはりそれぞれ一人の人間ですから考え方は違います。相手が自分と違う考えでも、それを無理矢理に変えることはできません。違いに目を向けるよりも、自分の生き方を応援してくれているところでよしと喜んで……そんなふうに思っています。

そして案外と岡目八目で、自然農を知らない人、やっていない人のほうが、正解を出したりすることがあります。すーっと素直な答えとか、目から鱗の答えを出してくれたりすることが意外とありますね。

ウンカで稲がやられた

自然農でいくつか失敗がありました。白菜を予定より早く植えすぎて、虫に寄られて出荷できなかったことがあります。でも白菜では出せなくても、わき芽で出せます。わき芽は甘くておいしい春の味です。炒めてもおひたしにしてもいけます。それが自然農のいいところ、市場にない野菜が出せたりするのです。

春夏秋冬、雨が多かったり干ばつだったりと気候は年々違います。だからすべての野菜がすべてよくできることはまずありえません。でも私の畑では、湿気を好む野菜と乾燥を好む野菜の両方を何十種類も作っているから、出荷できない野菜があってもどこかでカバーできます。

ウンカで稲がだめになったこともありました。ちょうど始めて一〇年経って、自然農のお米作りに慣れてきたころで、水の出し入れや管理をこまめにやっていませんでした。それでも自然農は大丈夫なんだと思い込んでいました。

水が多すぎたために茎が徒長して（伸びすぎて）、軟弱な稲となってウンカが発生しました。ぐたーっとなって倒れている稲を見て、自然農でも気を抜くと、こんなふうになるんだと気づかされました。自然農の田んぼの土はだんだん豊かになっているからと、私は高をくくっていました。本当は土の豊かさに応じて、知恵を巡らせて手の貸し方を考えるべきところだったのです。

初期生育と収穫が逆になる秋落ち、秋まさりという現象があるように、肥えている田んぼに苗を植えると、最初はばーっと分けつして、藁が育ちます。藁が育ちすぎると、藁に栄養を取られて実りが悪くなります。

土が豊かになってきたら水は減らすとか、初期生育を抑えるために草は思い切って生やすとか、土が豊かになるときの手の貸し方を常に考えなければいけなかったのに、そこに気づけませんでした。稲の失敗は、私にあらためて真摯に田畑に向きあうよう促してくれました。

豊かすぎて育たなくなる

そんなふうに自然農は一年一年、場所場所で対応が常に変わります。お米や野菜というひいのち、田畑という生態系をきちんと見て、しっかり見守っていかなければいけないと感じました。

最初は誰でも言葉に捕らわれます。「草や虫を敵にしない」と言えば、みんな「草を刈ってはいけない」「虫を殺してはいけない」と受け取ります。でも「刈ってはいけない」「殺してはいけない」とは言われていません。「敵としない」と言われているのです。「持ち込まず、持ち出さない」。でもウンカにやられたときは、田んぼから草を持ち出した人のお米がいちばんよくできていました。田んぼが豊かになりすぎていたため、草を持ち出したことが稲の徒長を防いだのです。

「持ち込まず」という言葉に捕らわれて、「水をやってはいけない」と思う人も多いのですが、それも臨機応変です。炎天下で長い間、雨が降らず、野菜が水を欲しているなと感じたときは、たっぷりあげなければ育ちません。

言葉への捕らわれからどんなふうに放たれればいいのでしょうか。それは置かれている立場と取り組み方によって決まると思います。自分と畑の野菜や虫たちとの向き合い方がどれだけ真剣か。そしてどれだけ日々畑ときちんと向き合っているか。

「この失敗は二度と繰り返せない」とせっぱ詰まったら、どうして失敗したかを必死で明らかにしようと努めます。原因を突き止めて来年はこうしようと考えます。そこから言葉だけではない、本当の知恵が生まれます。

知恵はどこにあるのでもない、自分のなかに眠っています。私は人前で話すとき、自分が考えたこともない初めての質問にもなぜか不思議とすらすら答えていて、自分でもびっくりすることがよくあります。

なぜなんでしょう？　農業は嫌いだったけれど、それでも農業をする父と母の姿を幼いころから見ていたからか、自分のなかに百姓のＤＮＡが入っているからか、それとももともと農業をすることに決まっていたからでしょうか。

イノシシの檻のなかで

地域で自然農や有機農業を実践している方にとって、イノシシの被害が悩みの種だという方は多いと思います。松国の田畑にはもともとはイノシシが来ず、柵もありませんでした。ところが、自然農を始めてミミズが増えてから頻繁に入られるようになりました。「今まで来なかったほうが不思議」とも言われました。

動物は本当においしいものを本能でよく知っていて、普通に栽培しているまわりの畑や田んぼには入らずに、自然農の田畑にだけ入ってきて食べたりします。

苦労して育てた稲や野菜が一晩で水の泡。全身から力が抜けて、情けなくて悔しい思いでいっぱいになります。

畑に入られたときは、一晩中起きて見張りをしました。最初は怖かったので夫と二人でした。じっとしていてもダメなので、ライトを付けて行ったり来たり。丘の上の畑を見張ったら下の畑に入られ、今度は上下に分かれて見張りました。

野菜を作り、出荷もしながらこれを一カ月以上続けると、二人ともヘトヘトになってきて五キロはやせました。毎日毎日、畑を荒らされて、イノシシから「松国のハイジさん、あなた百姓に向いてないよ」と言われようとかいな、と思うくらいでした。

最初は電柵を張りましたが、出荷のたびに電柵をまたいで乗り越えるために足を上げなければいけません。上げたつもりが十分上がっておらず、電柵に引っかかります。イノシシが引っかからずに私が引っかかる。野菜たちに笑われている気がします。一度引っかけたら電柵が伸びてしまい、草が当たると放電するので常に草を刈らなければいけません。

漁師さんが養殖に使った海苔網を使いましたが、食い破られてこれもダメでした。イノシシも憎らしいくらい賢くて、私が勉強会に行くときを見計らって入ってきます。嗅覚と気配で人間が畑に来ていないことを正確に察知するのです。

イノシシに限らず、アナグマ、サル、カラス、ヒヨドリと、人と動物の棲み分けは自然農を続けるなかでの課題となり、こちらの知恵と向き合い方が試されます。

隣人の助言に従ってワイヤーメッシュ柵（高さ一メートル、一〇センチ目合い）で畑を囲ったら効果抜群でした。ワイヤーメッシュは檻のイメージがあるのか、イノシシは侵入してきません。もちろん扉を閉めなければ確実にやられます。一度、扉を閉め忘れて収穫直前のスイカをめちゃくちゃに荒らされたことがありました。

柵で囲まれた畑での農作業に思ったものです。自然の営みに添う自然農をしているのに、なんで自分たちが檻のなかに入っとらないかんのやろ?

常識にとらわれず大胆に

自然農で問われるのは総合力です。畑は粘土質の強いところもあれば砂地もある。地形や気候による湿度や日当たりの条件も知っておかなくてはいけません。野菜をどう植えていくか、収穫適期をどうするか。それぞれに緻密さと大胆さがいるし、そこが面白いところでもあります。

たとえば春蒔きのキュウリの種が余っていたので、どうなるか試してみようと秋にまきました。父は「季節が合わんけん、ならん、ならん」と言っていましたが、意外や意外、ある時期から、わーっと実がなってきました。

「お父さん、やっぱりなったろうが」

研修生の若い人たちによく言います。

「ダメやと最初から思わんで、とにかく自分でやってみて。思わんことが起こるけん。全部失敗したら大変やけん、まず五株くらいでやってみてごらん」

タマネギはだいたいどんな解説書にも「年内に植えなさい」と書いてあります。ある年、たまたま忙しくて種まきが遅れ、苗も小さく年内に植えられる大きさになっていませんでした。糸のように細い苗だけど捨てるのももったいないし、常識はずれではあるけれど、年があけて三月に植えてみました。

三月に植えたタマネギはどういうふうに育つのか、育った玉ねぎはどれくらい持つのかを知りたかったからです。意外なことに見事に育ちました！　草の生えない時期だったので、草刈りの必要もなく、かえって効率がよかったくらいです。

野菜には思いがけない適応の幅があるんですね。常識にとらわれずに好奇心を持ってやってみる。挑戦してみて失敗しても、一度自分で気づいたことがあれば、それは決して忘れません。それは単なる失敗ではなくて、明日に生かせます。

松国の畑は赤土です。普通、赤土の畑は酸性が強くてホウレンソウは育たないといわれますが、立派に育っています。問題は酸性・アルカリ性ではなく、地力なんです。地力があれば、酸性・アルカリ性に関係なく育ってくれます。

うちの研修生の友人が畑を借りて野菜を作っていたら、地主さんから「ホウレンソウはアルカリ性の石灰をまかなければ育たんよー」と言われたそうです。でも一応、丁寧に石灰を断っていたらしいんですね。でも、その友人が不在のときに、地主さんが勝手に石灰をまいて耕すらしいんです。善意なんだと思いますが、「これこそホントのおセッカイやぁー」です。

常識にとらわれないということで言えば、私の好きな風景があって、収穫しなかった野菜たちが畑で花を咲かせている姿です。野菜を育てたら、収穫して出荷しないともったいない。有機農業をしていたときは、確かにそういう感覚がありました。

でも自然農をしてから気づいたことは、出荷して〝お嫁に出す〟野菜があってもいいけど、こんなふうに私の畑で種になって一生を終える野菜もあっていいなぁということです。出荷した野菜は人のいのちの糧になる。畑に残った野菜は花を咲かせて私たちを楽しませてくれてから次の野菜の糧になる。いのちの生かし方が違うだけで、私にとっては両方必要です。

だから出荷できないことに残念な思いをすることはなくなりました。自然農をやって、そんなふうに私の価値観はずいぶん変わりました。こんなことを言われたことがあります。

「松尾さん、これだけ花が咲きようということは出荷しとらんということやね。それで笑いようとはすごかねぇ。能天気やねー」

地域に根付いて暮らす

農業もいろんなかたちがあります。私はいっさい農薬を使わないけれど、まわりはやっぱり農薬を使っています。農業で生きること自体、すごく厳しい現実があります。いくら自分がいいと思うことをしていても、そうではない人たちのことを批判したり、対立したりすると、結局は自分がしたいことができなくなってしまいます。

田舎に住んでいると、区長とか婦人会の役員とか地域の務めが順番で回ってきます。私は自然農の勉強会などで時間的に余裕がないこともあり、最初は断って行かなかったので、周りからいろいろ言われたし、冷ややかに見られていたこともわかっていました。周りに流されず、「自分は強くならなければいけないんだ」と思っていました。でもそれでは結局、地域で孤立して、楽しくやっていけなくなります。

野菜や草たちは、この松国の土地にしっかり根を張ってくれています。それがあるから健康に育ってくれているんだ。私も松国にご縁があって、松国に生きている。松国で生かしてもらっている。だったら松国に根を張る。松国の人になる。そういう覚悟が根底に必要だなぁ。畑から教えられたことです。

私には私なりの人とのつながり方があって、地域の行事のすべてには関われないけれど、なるべく出るようにして、役員なども務めるようにしました。すると周りの人たちから「今まで松尾さんのことを誤解しとった」などと言われるようになりました。

自然農についても、当初は「そんなんじゃ作物はできん」と言われていましたが、最近は反対に、「松尾さん、今から除草剤まくけん、田んぼの水口をみんな閉めて」と言ってくれるようになりました。

うちでできた野菜を道路沿いの農産物直売所に出したら、まわりから「あんたんとこの野菜は、こういうところに出したらもったいないなかよ」と、えっ？　と思うようなことを言ってくれます。そういう意味では、かなり理解してもらえるようになったのかなと思っています。

私たちのいちばんの課題は人間関係です。人間関係がうまくやれたら、だいたいなんでもOKです。自然農をする人のなかには、人とうまくやっていけないために自然農に関わっている人もあるようです。いってみれば、人とのお付き合いから逃げているわけです。

でも人とうまく付き合えない人は、まず野菜も育てることは難しいと思います。人間関係ができないということは、米や野菜の気持ちもわからない、田畑との関係もうまくできないということです。

自然農は日々の気づきによってお米や野菜を育てる営みです。まして私がやっている生業としての自然農となれば、人に食べていただく、人と人とのなかで生かされている農業です。

好き嫌いはあると思いますが、極端に人間嫌いの人は、生業としての自然農を続けることはできないと思います。作物を育てるのも人間関係を育てるのも、いのちを育てるというところでは違いはありません。

関係がうまく行かないときは、相手に問題があるかもしれないけれど、まずは自分のほうを問う。人を責めるよりも自分のほうに問題はなかったのかを自分に問いかけてみる。そんなふうに考えることは、自分が成長するために大切なことだと感じます。畑に添う、いのちに添う、自然に添う、という自然農の理に通じることです。

技術的なものだけではなく、自然農の生業はそうやって深めていかなければ続きません。だから奥が深いし、難しい。難しいけど面白い。簡単なのがいいなと思うこともあるけれど、意外と難しいことのほうが深いところでは面白く思えます。

畑も自分も変化変化

去年までは気づかなかったけど、今年はこういうことに気づかせてもらったなという体験は年々あるんですね。毎年同じことをしているようで、自然農一年目の畑と一〇年目の畑との対応の仕方はおのずと違います。

「今年はうまくいったから」とそこで止まっていたら、必ずつまずきます。土は年々豊かになっていくし、天候も毎年違います。変化したところで、今まで生きてきた自分の知恵を巡らせて、いちばんいい答えを出していく。それもやはり自然農の面白さです。

野菜とだけ向き合っていたらなかなかわからなくて、野菜と自分のまわりにあるもの、土の中の見えない世界に少しでも思いをはせる。そういうところからいのちを見つめる姿勢が大事になってきます。

やっぱり人間もいのちがあって生きているわけだから、そこのところでは植物も虫も人間も変わりません。一年、二年とつきあっていけば、いのちの姿に気づいていくことができるはずです。

生える草も畑ごとに違って、一年目と一〇年目に生える草は違います。放置してセイタカアワダチソウのように背の高い草が生える畑では荒々しい草がたくさん生えるけれど、だんだん豊かになって土がやわらかくなってきたら、やわらかい草に変わっていきます。なぜかそこに必要な草が生えて、それも刻々変化するんです。

畑の状態も変化変化ですが、自分の状態も毎年、変化変化しています。自分の畑でどう答えを出すか。畑のいのちをどう生かせるか。管理する農業ではなく、いのちの営みに私のほうがいかに添えるかです。

普通の農業の感覚と真反対ですね。だからかえって農業の知識はない方が自然農には入りやすいかもしれません。農業をしていた人は、それまでの知識が邪魔するからでしょうか。農業を知らない素人の方のほうが自然農の世界にすーっと入られます。

野菜の一生を食べる

私は生業として自然農をしているので、何よりつらいのは届ける野菜がないということです。

毎週二回、野菜をお客さんにお届けしていますが、アレルギーやぜんそくに悩む、そういうお客さんも安全な日々の糧として私の野菜を待ってくれています。お客さんには何がなんでもお届けしなければいけない。それはお客さんとご縁で結ばれた私の責任です。

だから、お客さんには一〇種類から一五種類ぐらいしかお届けしなくても、畑にはいつも余裕を持って三〇種類ぐらい、量的にも二、三割は多めにつくっています。台風でキュウリがダメになっても、必ずほかの野菜があります。いろんな野菜をつくったほうが虫たちの被害にも遭いにくいのです。

それに不思議なことに、春と秋の端境期で野菜が穫れないときは、必ずタケノコがあったり、ツワやフキがあったり、ちゃんとやれるようになっているんですね。自然の恵みはすごいなぁと思います。

いざというときのために、奈良漬けを作ったり、梅干しとタクアンを添えられるようにしたり。野菜がないときは畑に生えたツクシも届けます。

だから自分でも驚くんですけど、有機農業をしていた時期を含めてこの三〇年ほど、週二回の出荷を休んだことがありません。

自然農の野菜をお届けする場合、お客さんは野菜の一生を食べることができるのです。間引き菜からトウが立つ寸前まで。スーパーの野菜だと、いつも同じ大きさの人参が三本くらい入っていますよね。でも若いときの味、成長期の味、トウが立つ寸前の味は微妙に変わります。

たとえば白菜が採れる期間は九月下旬から翌年の三月いっぱいまで。若い白菜菜、それから結球するまで待って、あとはトウ立ちすると、わき芽まで食べます。お店には売ってはいないけど意外とおいしいですよ。豊かな食べ方だし、それが本来の姿です。

人間の体にも四季があって、一年間通して旬の野菜をいろいろ食べればいいんだと思います。一日にこれだけの栄養分というのではなくて。

人参は小さなときからずーっと食べられます。私のお客さんのお子さんが、ある日届いた人参を見て「先週来た人参よりも太ってるねー」と言うのを聞いて、お母さんはハッとされたそうです。「わが子の成長は楽しみにしてるのに、野菜の生長に気づかなかった。子どもにそれを教えられた」って。

営農志望が増えている

もともと二人から始めた自然農の勉強会「福岡自然農塾」の糸島勉強会も今では参加者も次第に増えて、二〇一一年には二〇周年を迎えることができました。ドキュメンタリー映画「自然農―川口由一の世界」(一九九七年制作)の上映会は七回になります。

二カ月に一回の見学会は一人でも来る人があればやるという方針で続けて、実際にスタッフ七人に見学者一人というときもありました。それでも九八年から一度も休みなく続けてきました。営農と自給農の田畑を両方、総合的に見学できる意味は大きくて、関東からいらっしゃる方もいます。

中国の冷凍餃子事件、食品偽装など食の安全が関わる事件が相次いだ二〇〇八年から安全な食への関心が増したのか、見学者が急に増えて、今では九州を中心に各地から多いときは一〇〇人くらいがいらっしゃいます。見学会では塾のメンバーたちとともに、実際に種をまいたり収穫したりして自然農の基礎を教えます。

人数だけではなく、思いのほうも深まっているようです。一年を通してこられる方、自然農で営農を目指す方も着実に増えてきていて、参加者の半分が営農を目ざしているという回もありました。スタッフの私たち自身、勉強会を通して技術的にも人としても、成長させてもらえました。

私がこれまで楽しく自然農を続けて来ることができたのは、仲間に恵まれたことが大きいと思っています。本当に楽しくて、自分のいのちが喜びました。その思いを共有できる仲間がそばにいたことが、どれだけ励ましになったかわかりません。

川口さんには、自然農だけではなく、漢方の世界や芸術の世界にも導いていただきました。赤目自然農塾が企画した「芸術紀行」では毎年、川口さんや仲間たちと各地の芸術を訪ねて歩きました。

前にも書いたように、自然農の営農組は当初四人ほどでしたが、ここ一〇年で各地にポツポツと出てきました。それだけ営農は厳しいとも言えるし、でもやっぱり生業にする人が育っていかなければ、自然農は着実に広がっていかないとも思います。

基本的には楽しくなければ自然農は続きません。楽しいからできる。でも楽しいだけでも続きません。営農を目指す人は増えているけれど、実際に五年、一〇年と続けていけるかと言えば、まだまだ難しいのが実情です。

二、三年やって「やっぱり自分には無理だった」と言ってあきらめる人は、案外多いかもしれません。自然農の土の層ができるまで年数がかかり、そこまで待てない方もいるようです。営農は見えないところでいっぱい仕事があります。お客さんにきちんとお届けする厳しさと忙しさは、やってみなければ本当のところはわかりません。

最初はあまり草がなくても、続けていたら必ず地力はついてきます。野菜を植えないのはさびしいので、植えながら待っていてください。地力が足らなくて一年目に生育しなくても、それをよしとして喜んで、三年すればずいぶんと土が変わってきますから。

知識と技術の力もありますが、それだけではありません。一人になったときは、なかなかうまくは行かないものです。始めたばかりは意欲に燃えているけれど、それが持続するかどうか。それが試されるのです。

「生き方」からの出発

独り立ちすれば、みんな「経営」がどうしても先に立ちます。一年間やってみたけど、どうもうまくいかない。そういうことはあるでしょう。それを乗り越えて行くには、何がなんでもこれで生きていくという信念と覚悟が必要だと思います。

自分にはこの自然農という生き方しかない。私の場合、そう思ってやってきたので、野菜が穫れても穫れなくても、自然農を続けることについては気持ちに揺らぎがありませんでした。そうしているうちに、必要なものが後から付いてきたというだけです。

最低限の収入は必要だと思うけれど、細かくやると経営に追われていきます。そうすると自分のしたい農業ができなくなります。だから作り手と買い手がお互いに生かしあえるよう納得のいくかたちを探ってきました。

有機農業をしていたころ、最初は相場がわからなかったから、一律で一品百円に設定しました。一〇品で千円です。でも続けていくうちに、一品百円じゃとても食べていけないなとわかって、自然農に切り替えたころから、市況に関係なく、ひと箱一〇品で二千円に上げました。今も変わらずそのままで、野菜のお礼としていただいています。

収量は上がらず手間暇はかかるから、「安すぎますよ。東京に持って行けば、五千円くらいするかも。値段を上げたら」と助言されます。私のつくった野菜を初めて取ってくれる人も「こんな野菜をこんな値段でいいんですか」と言ってくださるけれど、私には取り続けてくださることがまず有り難いのです。

ご主人の勤める会社が倒産したり、給料が下がったりと経済的な理由で野菜を取ることができなくなった方もいらっしゃいます。自然農の野菜がお金持ちだけのものになってはいけません。それに東京とは物価も違います。

確かに自然農を生業としてお金持ちにはなれません。なれないけども、人に迷惑をかけず、当たり前の生活はできています。収入を尋ねられても、普通の農家から見たら、「えー、それで食べていけると?」という金額なんでしょう。

農園の面積は少ないし、ハウスは使わないし、研修生からお金はもらわないし、「よう、しよんしゃぁね」と不思議の世界みたいです。でもうちの家計は収入も少ないけれど、出るほうもまた少ない。今は個人のお客さん約三〇件と自然食レストランや保育所に野菜を届けて、ぜいたくをしなければ生きていけます。

自然農は基本的に「生き方」だと思います。だから最初に「それで食べていけるのか?」というところから出発すると、いずれ行き詰まります。「野菜を作ってお金にしなければ」という思いが先に立つと、どこかで立ち行かなくなると思います。

自分が生きていくなかで「これしかない」「この生き方がしたいんだ」とストンと腑に落ちたら、その人が役割を果たしていくうちに必要なものは必ず後から付いてきます。それはお金であったり、人であったり、仕事であったり、そのときに応じて。

それにお金ってないほうが楽しいというところもありますよ。極端に少ないのは困るし、借金するとお金に追われるから苦しい。それは私にも経験があるのでよくわかります。でもあったらあったで、それを守るほうに気持ちが取られてしまいます。

お客さんと生かし合う関係

営農を続けるときに、いちばんのかなめは「お客さんとどんなふうにつながるか」です。収穫した野菜を直売所に出したり、スーパーに卸したりする方法もあります。けれど担当者が変われば考え方は変わるし、出荷先のレストランのシェフにしてもそうです。人とのつながり方が大事。それは経験から実感させられることです。

季節によっては若干野菜がよく育たなかったりするかもしれないけれど、今こういう野菜が畑に育っています。どうぞ召し上がってください。そのお礼としてお金を頂いています——。

つまり消費者には私たち生産者の最低の生活を守っていただいている、生産者は消費者の台所を預かっている、そういうところで互いに役目があって、生かしあう関係でありたいし、またそうでなければやっていけません。

自然農は共存共栄の世界です。お客さんとも「売る」「買う」ではない、生かし合いの関係であれたらいいですね。誰でも最初の出会いは一人からです。まずは一人との出会いを大事にしながら、自分はこんなふうに野菜を育て、こんなふうに生きていきたい、あなたと一緒にこういうふうに生きたいんです、畑を見に来ていただけませんか、そんな言葉を必ず心を込めて伝えていく。

畑を見に来ていただいたら、だいたいその関係は続きます。そんな小さなことを一つひとつ大切に丁寧に積み重ねていく。それが、私が三〇年近くお客さんとの関係をつないでくることができた理由ではないでしょうか。

人とのつながりは、まず自分が暮らしている場所から始まります。今は若い人でも定年退職した人でも農業を始める人が増えていますが、自分が暮らす地域でどんなふうに人とつながっていくか。

松国はいわゆる田舎です。その田舎で営農をしたいなら、田舎の最低限のルールをわきまえて、と研修生には話します。

自然農の畑と一緒で、あなたたちは後からこの地に入ってくるわけだから、やっぱり「仲間に入れてください。よろしくお願いします」という気持ちは必要よ。たとえ自分たちが正しいと思っていても、それをいきなり田舎に入ってやるとガチャガチャするから。

田舎の人は入る人の姿勢をよく見てあるとよ。周りの人が「ああ、いい人が入ってきんしゃったね」となると、どんどん心を開いてくれる。あなただけで終わらんとよ。はたから見たら、あなたは「自然農をしている人」って見えるから、あなたの在りようが悪かったら、次にいくらすばらしい人が来ても「自然農しよう人は……」となって続かんけん、自分のやっていることが後にどうつながるか、そこも思っとかないかんよ。

自分のありようでどうにでもなるとよ。田舎の人は、この人はいい人だとわかったら、「ここに田んぼがあるけん、使わんね」とまで言ってこられる。野菜をうまく作ることも大事やけど、まず自分はどういう人間なのか、きちんと自分を見ること。自分のいいところと悪いところとを見つめる。

誰でも自分の課題があるから、自分をしっかり見て課題に気づいたら、少しでも人として成長できるように。それで「あなたがつくった野菜が食べたい」って言われるくらいになりんしゃい。そうやってご縁がある人の一人ひとりを大事にしんしゃい。

第4章 父が語る百姓の歩み その二

農業はちっとおかしかな

地域に根付いて農業をする。考えてみれば、それは父の人生そのものです。龍国寺で皆さんに囲まれながら父の話は続いています。

父は戦後、松田農場に通って、農業の勉強を続けました。一九五三年に四つ歳上の母サツキと結婚して、翌年に私が生まれました。小作農が続いて大変な貧乏暮らし。借金して家を建て直すことができたのが、一九六二年です。私も子ども心に父が農業の勉強をしていたのはよく覚えています。父の手記にはこうあります。

「その頃はまだ食糧不足で夢中になって米の増産に励んだ。高度成長の波に乗って農村も畜力に代わり、耕運機で耕すようになったのもその頃であった」

――お父さん、そのころの話をして。

食料難の過ぎた昭和四〇年（一九六五年）ごろから、地主が土地を持っとったって、小作料が安かけん、引き合わんごとなったとですたい。そんだけん、もう解放しようということで。

それでですね、人間だけやと農作業が大変やから、牛とか馬とか家畜を利用して、私たちは〝有蓄農業〟と言うとりました。私らまだ機械農業はやらんけん、ほとんどの農家にゃ一頭二頭は牛も豚もおる。鶏も二、三〇羽おる。牛やら馬やら鶏やらの糞が出来るけん、その糞を肥料に使うて自給自足やった。

人間の糞尿も使うたたい。下肥《しもごえ》ゆうて馬車で町のほうから持ってきて、そんでこのへんも大きな肥溜《こえだ》めもありました。そのころは下肥ゆうたら金になりよったたい。

そんで、占領軍が入ってきてね。アメリカから持ってきたレタスや何やら日本で作らせよったばってん、「下肥は不衛生だけん」って使わんごとなった。大腸菌のおるげな、とか言うて。おるかおらんか知らんばってん。

　そうしてやっと自作農したところが、生活水準が高うなって一町じゃ食われんと、こうなった。もう二町か三町か規模を拡大せろとこうなる。また土地を買わんならん。そげんことしよったら、わが生活に回るものはひとつもなかもん。次から次に金ば突っ込むばっかりせにゃいかん。そんで、こら農業はちっとどうかおかしかな、と思いよった。

　そしてそのころはね、家内は朝の三時か四時には起きて、八キロぐらいある市場に野菜を運んで行きよる。暗かうちに着くくらい、そげな生活してきよって。それで、あとはもう向こうが値段つけるっちゃけん、二束三文のこともあるし。それで生活はとても大変なこと。家内に聞いてみなっせぇ。

　家内も若かったけぇ、歩いてリヤカー引いて行きよった。で、帰りになると、自分が迎えに行ってくりゃよかばってん、自動車はなかし、家内がやっぱりリヤカー引いて帰ってくる。それがその当時は当たり前と思うとった。今のごたぁ自動車生活するもんから見りゃあ、やっぱウソのごた話やぁ（笑）。

雷山八合目での里芋作り

そのころ、父母は王丸から数キロ離れた雷山《らいざん》という標高九五五メートルの八合目辺りで里芋を作り始めます。朝三時ごろ起きて、母と二人で自転車に乗って行って、麓から山に登っていって、一歩足を踏みはずしたら谷底というような斜面で里芋を作りました。私も子ども心に怖かったことを覚えています。いまだに夢に出てくるくらいです。

――お父さん、雷山に里芋作ったろうが。

うん、三六歳のときやったか、そりゃもう雷山の洗い谷という頂上近くやった。五〇年経った杉を伐った跡やけん、杉の葉やら何やらが積もっとうけん、ずっと何もせんでも、もう足の甲の沈むごと腐葉土ばい。

――まさにこれ自然農やね。だって耕しとらんしね。

まるっきり自然農。やっぱぁさすがね、五〇年もほっぽらかした腐葉土の土なら、えーらい里芋のできるでっしょ。里芋は腐葉土が好きやけん、一町五反あったばってん、全部植えても掘りきらんけん、植えたのはこのうち一町。それに持ってきてあそこはね、干ばつがないとですよ。いつも気流の関係で雲がかかっとります。イノシシもなーんもおらんし。

そうばってん、麓の高野まで自転車で行かないかんけんね。四時ごろからうち出て、家内と二人でかます（藁で編んだ米袋）五つずつかるうて（背負って）登りよった。かますいっぱい三五キロずつぐらい里芋かるうて降りてきよったが、途中で休まにゃ。「いかづちの観音様」のちょっと上の井上さんが「あなたたちゃ、そげん骨折ったことしござぁとなら、私が牛を持っとうけん、そりで出してやろう」て。牛にそりで出してもろうた。そげんことばしよった。

そこまで出していって、人に頼んでオート三輪を雇って福岡の市場に持って行ってもろうた。そういう無茶なことばっかりやった。

もともと「王丸の里芋」は評判でしたが、雷山での里芋作りに周囲はみんな反対したそうです。今、雷山を見ても、あの八合目で里芋作りなんて、車で上って行ってもできそうにありません。父たちは八合目から麓近くの観音様まで、急な山道を走りながら下ったそうです。父の言うとおり、「無茶なこと」だったかもしれませんが、父にしてみれば、小作農から抜け出すために必死だったのだと思います。

――一日に何回ぐらい登っては下りてきよったと？

朝二回、昼から三回ぐらい。一〇月から掘り始めて、雷山の頂上近くやけん、今と違うて一二月に雪の降るとやけん、雪が降らん年内のうちに掘らにゃあ冬場の里芋は腐ってしまう。それで、みぞれの降るときも合羽着て家内と二人で。霧氷が咲いて美しかったが、そげな中を登っては下りしながら、全部収穫し終わろうか、早く掘らにゃあと焦って、心配しながら時間との競争で里芋掘りをしよった。ちょうど、よう話に出てくる（日露戦争の）「二〇三攻略」のごたぁことやった。雪のチラチラ降るときやった。

とにかくどうかしてな、立ち上がろうと思う気持ちばっかりで、一生懸命でやったことは覚えとる。そげな無茶なことしたっちゃ、どうもならんとばってん。どうかして小作から抜けて、なんとかして土地買いとうて無闇なことしとうったい。

――でもお父さん、あんまり儲からんやったね。だけん、一年でやめたね。

その年、里芋の値がとても安うして、大して儲からんやった。二年目もちょこったぁ植えた。ばってん、どうもいかん。あれも要りこれも要りで、資金も何もできんやった。いくら大きなことしたっちゃあ、人の手借りてやってするっちゃあ、こっちへお礼、あっちへお礼やらんならん。いつの間にか資金もなかごとなります。

そういうことも身をもって体験したわけ。あんまり調子に乗ってね、実力以上に大きなことしたら失敗する。わが力知っとかな。ほんなことばい。

出稼ぎで身につけた技術

――あのころは一缶ぐらいやったけど、牛乳も搾って出しよったね。

乳牛もね、なんでもせにゃ食われんかったけん、しよったばってん、いっちょも利潤にはならんやった。払うてなーんも残らんやった。

――ばってん、お父さん、そう言いながら、全然なかった土地ば少しずつ買うたよね。

生活を犠牲にして全部したとたい。いっぺんに大金つかみとるごたぁしきれん。少しずつ貯めにゃあ、こつこつこつこつ、塵も積もれば山となる式の生活やった。そうしてしよるうち、ちっとずつ貯まってきたけん。

それでん、やっぱぁ食われんけん、機械を持っとう人に田んぼのほうはちょっと任しといて、出稼ぎに行って、この人（靖子）たちも学校に行かせて、ちっとずつ生活に余力が出来てきた。時代が時代やけんね、そのままの質素な生活を続けて、収入のありゃぁ余剰が出ろうが。

農家やけん、出稼ぎはほとんど土木。下水工事とか左官工事とか建築の工事とか。そこで私もどうかして技術ば身に付けにゃぁと思うてね。夏は汗ブルブルいうて、お昼休みもなんも一時間しか休まれん、そういう生活。一〇年くらいしたやろうか。

そげんして福岡まで行って帰ってくりゃあ帰ってきたで、田んぼの仕事せにゃいかんけん。六時ごろには帰ってきて、七時か八時ごろまで明るかけん、その間は働いた。くたびれた言うて寝りゃあ、田んぼは出来んごとなる。そういう生活やった。

――そういう意味では苦労しとるかもしれんけど、自分の身に技術を付けてるね。左官仕事、大工仕事、料理以外なんでもできるよね。

それと、やっぱぁ貧乏生活やけん、すべて自給自足せんならんけん、なんごとしたっちゃぁ自分でせにゃあいかん。藁屋根やったけんな。それで雨垂れの来りゃあ、麦藁持って行って繕わにゃ。私もひとっ通り、屋根葺きくらいはしきるごとなったった。

四つ五つ、もの心ついたときは草履作りからたい。学校に履いていく靴やらなかけん、草履作って。九月になると夜なべばっかり。婆ちゃんは、孫が一人前に藁をなうて、ちーっとでも早う稼げるようにというのが考えやったたい。手取り足取りして教えてくれよった。算数とあいうえおを覚ゆる前に、藁草履、竹かごつくりのごたぁことばしよったもん。

「米作日本一」で入賞

父の手記によると、昭和三九年（一九六四年）、地元の普及所の指導で稲作研究会が発足し、父も入会して増産に励みます。「増産、増産」という時代で、そのころ普通は一反当たり七、八俵のところ、父は一〇～一一俵作っていました。一〇アール当たりの米の収量を競う「米作日本一」は朝日新聞社が主催して国が後押しして全国に広まり、その競作会に出品した父は福岡県で一、二位を争うような米作りをしていました。

——お父さん、その前に日本一を競ってお米ばつくったろうが。あれは四〇歳のときやったかいな。

いやそれはな、報道の間違いで、私たちは進んで日本一なろう思うてしたごと書いとるばってん、実際は米の足らんけん、普及所から農業を盛んにしていこうという動きが各地方にあったと。その当時はね、福岡にもある、糟屋にもある、糸島にもあったとやけん。それで、どこが一番になるか、その普及委員同士を競争させたわけばい。

福岡は「近代化運動」、佐賀は「米作り運動」いうてさせようというふうや。佐賀がとうとう全国一位になったたい。福岡も負けられんということでやらされる。研究会を作らされて、どこがいちばんよう穫るか、作る量の競争やった。方法はどげんあろうと、今のごと経営とかなんとかは第二たい。とにかく食料の足らんけん、一粒でも余計穫らにゃ。そういう時代やった。

私は小作人で、一反から余計穫らなぁ利潤がなかということを、頭のてっぺんから叩きこまれとうけん、ちっとでも余計穫ろうと思って研究会入って勉強しよった。だいたいは普及所を競争させとると、ほんなことは。それで私たちが踊らせられとったとたい。

——お米をいっぱい作ったとき、みんながうちの田んぼを見学に来たろうが。あれ、どれくらい続いた?

うーん、四、五年やったかな。あのころは町からえらい大勢の人が来よったが、いっぺん福岡市から大型バスで来た。今のような二車線ではなかったっちゃけん、道幅のせまか。近所の人も私たちもこげん人が来りゃあ「仕事はやめて駐車場にしようか」なんて言いよる（笑）。もう昭和四〇数年になりゃ、自家用車をたいがい持っとった。

そのころは福岡からたいがいの人が視察に来よったけん、盆前はずーっと田の草取りをして、草一本なかごとしよった。

江戸時代に宮崎安貞という農学者がござった。その農学の教えで『農業全書』のなかに、こげん書いてある。「上農は草を見ずして草を取り、中農は草を見て草を取り、下農は草を見て草を取らず」。

そういう教えがあるけん、誰も彼も草一本もなかごとしとった。砂漠農業たい。そんで草の生えるが邪魔や言うて除草剤。ところがここまで来て自然農ば勉強したら、そら間違いやったということがわかった。

草があるけん土がようなる、草が土を守ってやりようとやけん。「草を生かして農を営む」ちゅうのが本当の農業であって、なんも草のなかごと、草取る砂漠のごたぁ農業するとが「上農」じゃないということがわかったけん。その宮崎安貞の言うことは、あら、ちーたおかしかな、と思うごとなった。

当時、普及委員の人が見に来て、笑っていたそうです。父は除草剤を使っていなかったのですが、「除草剤を振っとんしゃあ田んぼより草がない。もうちょっと草生えてもよかとやないですか?」と。父は「草を見ずして草を取るタイプや」と。

直角定規を当てて植えろ

――あのね、お米を一反に一一俵ば穫りよったころは、お父さん、田んぼの水の深さが同じになるよう水平器ば当てよったろうが。

水平器?

――水平器当てよったって。一反の水の深さがどこ測っても一緒やったね。私、覚えとうよ。

父の田んぼの水深はどこを計っても一緒。分けつも二〇本なら二〇本とまるで工場生産のように正確でした。熟れ方もまばらではなく、一斉に黄金色です。「人間わざじゃない」とプロのお百姓さんが感激していました。

自然農の実習田でも、確かに父の田はまわりとまるっきり違って、四メートル幅の畝を五畝植えるのに、縦横斜め、どこから見てもまっすぐ。誰かが「松尾さんとこの田んぼはすごかですね。縦横斜め、全部定規で引いたごたる」って言われました。

実際、自然農の田んぼでも父は当初、研修生を集めて「直角定規を当てて植えろ」と指導していました。

農機具メーカーさんが、研究熱心な父にモニターとして田植機を使ってもらったときがありました。父はまっすぐに植えるための田植機なのに、「綱を張れ」と言って、みんなびっくり。「曲がったらやり直せ」と言うので「お父さん、ちょこっと歪んだぐらいよかろうもん」と言ったら、「気の入り方が違う。シュッとなっとったら、自分も立ったときにシュッとなる。それが大事なんや。それが違うんや」と話していたのを覚えています。父は行政からその農作技術を認められ、表彰や研修生の申し入れもあったようです。

——すごい評判やったね。

もうそのころは増産の時代やったけん。「糸島も表彰するけん、来ちゃんない」とワァワァ言うて、こりゃ自重せにゃいかんと思うてな、へんつく（偏屈）のごたるばってん、私ゃそげなもんは要らんて断っとう。

それから「研修生を置いちゃれ。何日かかけて農業を勉強させたい」て。「いや。私はたった八反ぐらいやけん、そげん研修生まで置いてせんならんことはしようらん」て、それも断った。私はあんまり表に出ることは好かんとですよ。この人（靖子）は平気なごたる。家内に似とるか私に似とるか性格の違う。

増産の陰で農薬の犠牲者

農業の効率化のため、一九五〇年代から農薬散布が始まります。この時期、農薬パラチオンの商品名「ホリドール」によって多くの百姓が亡くなり、自殺も相次ぎました。病害虫の発生に関係なく、毎年ある時期になったら散布するという乱暴なかたちでの使用でした。

――お父さんの場合は、農薬を使いよったことがあったけど、体がどうかなるとかはなかった？

私たちはなかったばってんなぁ。王丸でね、二人ホリドールの共同消毒して亡うなっとる。そんでこりゃあ、ホリドールなんていうたぁ、もう使うちゃいかんなぁって思うて。人の命ば終《しま》いよる。

――そんときに、お父さん、不思議に思わんやったと？

やっぱそのころから思うとったたい。そのころもうホリドールは危なかというとばってん、国が奨励して増産のためにそういうことをさせよった。

ある日、牛に草食わしといて、わがご飯食べようと思うたら、「守さん、ちょっと来てえな」って隣の奥さんが迎えにきなる。そんで行ったら、入り口で隣の人が泡噴いて、バタバタバタバタもがき苦しみよる。えらいことなったなと思うて。

そいで、オート三輪に乗せて医者に連れて行ったったたい。これは生き返るやろかと思うごとあるとばってん、おらぁ分からんけん、看護婦さんに人工呼吸やなんやらしてもらいよったが、「亡うなってござす」て言わっしゃろうが。

もう一人は二、三年遅れてやった。それから事故も多かけん、使用禁止になったばってん。そのころは農薬やって作らにゃあ、でけんやったけん。農薬かけるのも、そげん人間に害あるっちゃあ知らんやった。ただ「増産、増産」て言いよったけん、行政が奨励して共同で消毒させよったとですよ、ホリドールやら何やら、集団で。

農薬（散布）せんもんなら、国賊のごと言われよった。そんで、そればく変に思わんでしょったばってん、王丸でも二人犠牲者が出たとです。それから対策協議会ができて、ホリドールで自殺する者も次々出て、もう使うなと規制されるごとなって。それから私もやっぱぁこりゃ農薬やら使うたらいかんなて思ったとです。

農薬を使うたときでん、まぁ自覚症状はなかったですな。マスクはしよったばってん。しまいがたは慣れて、暑かけん手袋もなんもせんなりに農薬まいて。ようこれで五体が持てたたいと思いよる。

――それから無農薬の有機農業もしてきたろう。お父さんがどう思うたか話して。

初めは慣行農業、わたしゃ何にも不思議に思わんし、やっぱぁ消毒も人一倍する。余計穫ることばっかり考えてしよった。ところが、途中から質のこと言うごとなったろうが。それからあんまり農薬を使うたりしたらいかんごとなったし、学者連中が減農薬やら言い始めたけん、こりゃやっぱりいかんじゃろうと思うようになった。

農薬の恐ろしさを頭だけはわかったわけ。知識上はわかっとった。ばってん、実際、自分に体験のなかけん、それがどげん悪かったか、実感としてわからんやった。別に自覚は何もなかもん。

ばってん、今から考えりゃあ、私の耳の遠なったとも、そんなことをしとうことにも原因があったかもしれん。人一倍消毒もしとうとじゃけん。

なーんも人間のすることはなか

父の手記から昭和三九年（一九六四年）の項を引用すると、「工業の発展により電化製品をはじめ自動車の輸出によりその見返りとして食糧も外国より輸入がたやすくなり、食糧事情もだんだん良くなった」。

一九六一年に制定された農業基本法で、大型農機具の投入による日本農業の近代化が進められます。近代化とは、つまりアメリカ式の機械化された大規模農業を目指すことでした。

私たちの青年時代、百姓たぁ手作業です。一町歩作っとったら、生活はまぁそれでよか。それがだんだん生活水準が高うなって、それぐらいのもん作ったっちゃぁ食われんようになって、二町三町作れって国も奨励して圃場整備しよる。曲がった田んぼは機械が使われんけん。

一反ごとに補助金をもらう。このへんの人に聞いてみなっせぇ、五町では食われん、一〇町作らにゃ。一〇町作っても食われんから今度は一五町。

そうこうしよるうちに、百姓は食われん言うて辞めていく。何人かが大作《おおざく》する。大作しようもんはどげんしようとか。全部文明の力でね、農薬使う、除草剤使う、今の環境やら全部を崩すごたぁことばっかりしよるやろうが。大きな機械を田んぼに入れて土換えしようから、土の中の生きものたちゃ生きとるはずがなか。殺してしもうて、あとは化学農法たい。

そげんな田んぼは、私は稲のことは勉強しよるけんわかるが、だんだん土の生命力が落ちていきよる。現実は実入りが悪うなりよる。それが普通の人は目に付かん。ばってん、熟れよる稲の色合い見れば分かると。先の枯れたりね。稲の穂の具合見りゃあ。

昔から「実れば実るほど頭の下がる稲穂かな」と言う。それが穂の下がらんたい。実入りが悪かけん、そげんならんもん。それで収量が今まで七俵だったのが六俵、五俵と、この先なおのこと穫れんごとなる。

ところが機械化農業をし慣れたもんは、手植えばしきらんですよ。私ゃ見よってわかる。こげん機械でしつけりゃ、隅のちょこっと植ゆるとも手で植えりゃよかとばってん、そげんごとはいっちょもせん。

機械でちょろちょろって植えてしまう。それで箱片づけりゃぁしまい。いっちょも美しうなかけん。田植えでも後ろに肥料入れてパラパラまくのができとる。施肥も人手でせんでよか。

もうなーんも人間のすることはなか。昔の手でした一町百姓よりは、今の機械の一〇町百姓のほうが骨折りゃぁせん。全部機械が仕事しちゃる。そら、えらいええことばってん、私が見るところ、こげな農業していきよりゃあ、先はどうなるやろうかと心配になる。

アメリカ式の大規模農業

アメリカからホワイトさんという英語講師の方が松尾ほのぼの農園に自然農を学びに来られたことがありました。夜間学校で昼は時間があるので「手伝わせてほしい」とのことでした。ミシガン湖の南の実家は、三五〇エーカー（一四三町歩）の広大な土地で農業をしているそうです。アメリカの農家はこれが標準ということでした。好奇心旺盛な父は、しきりにアメリカの農業のことを尋ねていました。

「そげん広か畑を持っとったら、こげんところに出稼ぎ来んでもよかろうもん。跡継いでいかっしゃったら一番よかろうもん」て言うたら、

「いいえ、それが食べられません。福岡のほうが暮らしよい」て言われるけん、

「そげん土地持っとって、なんば作っとるんね？」と聞いたら

「コーンと大豆、夏はとうもろこしで冬は麦」と言いなる。

「コンバイン使うてやりよって、何で食われんですね？」とまた聞いたら、

「国の保護がなければとても食べていけない。日本では一町持っていれば生活でき

る。それが勉強したい」って言いよんなった。

というのはね、入り口と出口が同じということ。いくら間口広げて収入を多したっちゃ、それに添うた機械を買わにゃでけんやろ。アメリカは化学農法、機械の力で一〇〇町、一五〇町つくりよる。計算尽くで全部市場の相場で見合わせてやるのがアメリカの農業。そういうことも教えてもろうた。なるほど、ここも考えにゃいかんなぁと思って。

私の知り合いにも、アメリカの大型農業を勉強に行った人がおります。三年間、勉強して帰ってきて「アメリカは学ぶところじゃあるけど、真似るところじゃない」って。それで私ゃ適地適産で作るべきことがわかった。

面積ばかり欲張ったって、一五〇町作ったっちゃ国が助成せん限りは採算が合わん。国が補助金出しようとです。機械化農業になったでしょ。今の機械は五百万円以上、一千万近いとですよ。修理代も米の何十俵分がいっぺんにいってしまう。共同で機械を買うても三分の一くらいが補助金。ただ大作すりゃあ補助金もらえるけん、補助金目当てで大豆をつくる。

そげなことしよりゃあ、見かけだけは立派なもんばってん、補助金がのうなったらもうしきらん。いーっぱい面積広げたっちゃあ、ちっとでも良かもんつくる勉強せにゃあ純利益が出らんということは、私は肌に感じとるけんようわかる。ばってん、そういう行政になっとうけん、ちーっとも農業振興になりよらん。

米余りから減反へ

農業の機械化や化学肥料の導入で米の生産量は飛躍的に増えるのですが、一方で米の消費量は減っていったため、米余り現象が起こります。昭和四五年（一九七〇年）から米の生産調整、いわゆる減反政策が始まります。

昭和四〇年（一九六五年）、そこ二、三年は増産増産やったたい。そうしたらタイ米が入ってくる、カリフォルニア米が入ってくる、それ買い取らにゃあ貿易が成り立たんもん。それで米が余り始めた。それから他の副食がいっぱい出てきて、みんなが米ばっかりは食わんごとなった。米の消費量が減った。もうばってん、あなた、米の余ってきたもんだけん、それから「一割減反」になって。

昭和四五年から私は生産者として県庁の会合に呼ばれて行きよったけん、よう知っとう。県庁の農政課も困っとった。去年までは「余計作れ、余計作れ」と言うて作らせておいて、今年から減反せにゃならん。そげん手のひらひっくり返したごたぁ指導はしきらん言うて、えらい悔やんどられた。

そうしたところが、近くのみんなが私に言い出したことが、「あんたたちが余計穫るるごとするけん、みんな迷惑しとろうが」って、からかい半分に言われる始末やった。

そんで佐賀県一位になっとった人たちに手紙を出したところが、その人たちも、もう国賊のごと言わるるけん弱ったって言う。「あんたたちのごたる人がおるけん、みんな迷惑しとろう」って、やっぱりからかい半分のことばっか言われたらしか(笑)。国策に添うてしたことが逆になってしもうて。時代の波に乗りきらんものはつまらんなぁと思うた。

米の味が悪うなってきた

戦前からずっとお米を作ってきた父の頭の中には、お米の一生がずっと入っていて、見た瞬間に「これはいかん、これはいい」と見極めます。父によれば、増産から減反のこの時代あたりから、野菜の味もお米の味も落ちていったと言います。とくにこの糸島の地は水に恵まれ、酒米が獲れるほどおいしいお米ができていました。

化学肥料なら肥料の量が少のうして済む。一反に肥料袋二〇キロ。それでみんな簡単に硫安、過リン酸、石灰窒素がまける。私たちが青年のころやってみるとね、作物がようできるんです。

したところが、結局、化学物質で作物が病気する。化学物質は自然のものが全部なじみきらん。化学には化学だから、作物が病気したら農薬振らにゃいかんごとなる。味が落ちる。土が駄目になって、そんでますます病気が出てくる。

子どものころはね、野原に行って萱《かや》で手を切ってケガしたら、ツバ付けといて、ヨモギば付けときゃ良うなるって、そげんツバは殺菌力があった。今のツバは殺菌力がないとですよ。みんな化学物質ばっかり、農薬づけの米と野菜を食いよろうが。

それだけでなか、調味料が全部化学物質です。もう塩も塩化ナトリウムやろ。その前は天然塩やったけん、ニガリが含まれとった。

今は除草剤や農薬を使うから、米の味が全然つまらん。悪うなっていっとるもん。

土が死んでいきよる。米がおいしくない。とくに餅米が焼いてもズタズタ。お雑煮しても、昔は引きがあって強かった。今の餅とは全然違う。そげんことはよう覚えとります。

――お父さん、ずーっと慣行農業しよったろう。私が一九八三年から有機農業始めたろうが。そのときのお父さんの心境はどげんやったと?

昔の人は有畜農業というて家畜を飼っとったけんね。蓄力でしよった。それで一町の堆肥を賄いよった。私ゃ三〇歳くらいまでずっと、戦前は馬車引いて山から毎日草切ってきよりました。今のごと植林ばっかりしちゃなかったけん。町有の「採草地」ちゅうのが町には必ず用意してあった。そっから切ってきて田んぼに入れよったけん、米も質が良かった。もう米の粘りが違う。

そんで、農業は化学肥料を使うてはいかん言うて有機農業になったばってん、堆肥でするなら地力を維持するだけで一反に二トンいる。一町つくりゃあ毎年二〇トンいる計算になる。

有機農業もやってみれば、確かにできるし、味もようなる。ばってん、有機農業

雷山の里芋畑。

は畑を鋤《す》きよるけんな。土の生態系をいったん崩してしもうて、新しく有機物をやることで生態系をつくっていきよう。無理なことしよる。

　そんだけん、あげな大きな機械がいる。堆肥材料ば集めるのにダンプがいろう。その次は切り返すときショベルカーがいる。そして今度は堆肥を運搬するときダンプがいる。散布するときまた機械がいる。五体使うてはせんとやけん、今はもうとうとう、みんなロボットがする。

　結局は人間が作ったものを使うけん、金がいるわけ。修理費がいる。ガソリンがいる。そげんなろう。そりゃ堆肥で補給しとるけん、味もよか。うんと面積をしよるから量もできる。ばってん、これがよか農法として将来を担うていくかどうかたい。いったん土の生命力を壊して、有機物によって土の生命力を補うことやけん、余計な経費がかかるたい。

農家が国の農業政策に翻弄されるなか、一九八四年に王丸の実家の納屋が火災に遭いました。それまで父母は苦労続きだったけど、「火事がきっかけで、いい方向に向いて行った」と母は振り返って話します。

納屋の隣に不思議と焼け残った堆肥舎を、父は「残ったことには意味がある」と取り壊さずに、そのまま使いました。土作りの源となる堆肥舎だけに、それだけ思いが強かったんだと思います。

有機農業を経て、父は私を通じて自然農に出会うことになりますが、その前に私と研修生たちとのつながりについてお話ししましょう。

第5章 人と人とのつながりの中で

縁農から研修生へ

今のようなかたちで研修生を受け入れるようになったのはいつごろからでしょう。有機農業をしていたころから、縁農というかたちで農業を習いながら仕事のお手伝いをする人たちに来ていただいていました。この「縁農」という言葉は、「援農」とも書きますが、私にとって一緒にお米や野菜をつくった人たちは、やっぱり「ご縁」でつながっていると思っています。

一九八〇年代の前半、有機農業をしていたころです。最初は一人か二人、「手伝わせてください」という方が来られました。あくまで「作業を手伝ってもらう」という位置づけで、私に「研修生」という意識はありませんでした。わいわいがやがや和気藹々とやっていました。そのうち来る方のガソリン代もかかるので、夫がサラリーマンを辞めるまでは安い月給も支払っていたこともありました。

研修生として受け入れるようになったのは、自然農を始めてからです。こちらから宣伝したり声をかけたりはしませんでした。「自然農をどうしても実地で学びたい」という学ぶ人の姿勢がいちばん大事だからです。

当初はわが家に寝泊まりしての研修でした。義母の介護の関係で受け入れは一時お断りしていましたが、二〇〇五年から「通いの研修生」というかたちで再開しました。

アルゼンチンからの研修生

海外からも見学者、宿泊者が相次ぎました。アメリカ、カナダ、フィンランド、ベルギー、ドイツ。ネパール、韓国、アルゼンチン……。

わが家も国際色豊かになって、縮みレタスの商品名「紅サンゴ」を英語でどう言ったらいいかわからないときに、夫が「わかっとーやないか。レッド・スリー・ファイブや」「ああ、紅・三・五」で大笑い。そうなったらみんな英語モードになって、日本人と話しているときも、みんな「ノー、ノー、ノー」。にぎやかでした。

なかでもアルゼンチン人の若者ダミアンは忘れられません。骨肉腫を玄米菜食で改善した彼は、食べ物の大切さを体で理解していました。福岡正信さんの自然農法を学ぶために家庭教師に付いて一年間必死で日本語を学んだそうです。愛媛県の福岡さんの自然農園に三カ月いて、知人のツテをたどって松国にやってきました。

日本人よりも日本人らしい実直な子でしたが、私も二〇歳の子を受け入れるなら母親の代わりができるのか、覚悟を決めたうえで受け入れました。

結局、三カ月間、うちに寝泊まりして研修しました。畑の野菜や虫たちに対する接し方で彼の優しさが伝わってきました。外国人ゆえの、泣いたり笑ったりの事件や騒動もありましたが、最後は私のことを「日本のお母さん」と呼んでくれました。

アルゼンチンで彼は松国で学んだ自然農をしています。立派に育っている稲の写真が送られてきて、ダミアンの成長ぶりを喜びました。

自分の子どもと一緒の写真も送られてきました。何度か手紙のやりとりをしましたが、だんだん文章が短くなって漢字も少なくなり、最近は松尾靖子の「靖子」が「青子」になっていました。そのうち下だけの「月子」になるんじゃないかと家族で笑いあいました。

マニュアルは、ほぼない

ここに自然農を学びに来る研修生は、ほとんどすべて営農を目ざしています。そうなると、私も中途半端な覚悟ではできません。

研修期間は原則一年間で、毎年数人が学んでいます。年齢制限や資格があるわけではなく、基本は「来る人は拒まず」。研修生に来た男性が「ほかでは年齢制限で落とされたけれど、松尾さんが簡単に〝どうぞ〟と言うからびっくりした」と話していました。

縁農時代を含めると、合わせて六〇人ほどが来られました。人数制限はないけれど、おのずと限界があって、多くても一年に六、七人といったところでしょうか。

研修料をいただいたり、こちらから支払ったりという関係は今はありません。「お金をもらわないと、その人の本当の力にはならない」という考え方はあるし、実際にそのようにされているところもあります。でも彼らはアパートを自分で借り、一年間無収入で研修を受けています。相当の覚悟と勇気がないとできないはずです。そこにどうにか応えたいという気持ちでやっています。

野菜を育てたり出荷したりという仕事です。夏場は朝の七時半、冬は八時から日が暮れるまで。休みは火曜日。

自然農をやってみて、どんなふうに感じるのか。二〇一〇年度の研修生たち三人に集まってもらって、日々の作業や気づきについて話し合いました。

靖子　山崎雅弘さん（二六歳）は研修六カ月目。山本悟史（三三歳）さんは八カ月。山本ヒロコさん（五三歳）は一〇カ月。みんな名字に山がつく（笑）。自然農をやる前と後では、なにか変わったことがありますか？

ヒロコ　私は長い間勤めた会社を辞めて、自然農という言葉さえ知らずに飛び込んだんです。それまでは仲間と貸し農園で野菜作りをしていて、虫除けの薬をパラパラまいたり牛糞の堆肥を混ぜたり、どうしても必要なのかなと疑問に思いながらやっていました。

松尾農園の見学会に行って、その場で「お願いします」と研修生を申し込んだんですが、始めたら知らないことばかり。耕せば土が肥えるという頭があったから、カルチャーショックでした。薬を使わずにできるんだと知ってしまったという感じ。野菜作りの人々に役立つような、食べる人とつくる人の間をつなぐ仕事がしたいと思っています。

山崎　グラフィックデザインをしていて、四年前に食品会社の社内報づくりで松尾農園に来たことがきっかけです。三年ぐらい前からパートナーと糸島に移り住んで、そこから通っています。長い目で将来を考えたとき、自然農で営農を目指そうと考えました。

始める前は「自然農に決まったやり方はない。人それぞれ」と本に書かれていたけど、でも実際はある程度マニュアルがあるんだろうなと思ってたんですよ。けど、やり始めると人それぞれ、その時々で判断が違う。野菜とか天候とか、そのときの瞬時の判断によって、仕事の進め具合も変わっていくんだなと思いました。実際やってみたら、「マニュアルは、ほぼない」ことがわかりました。

ヒロコ　靖子さんがよく言う「体当たりばったり」（笑）。

靖子　野菜の生育環境も関係あるけど、毎日畑に出れるか、今日から四、五日畑に出れないか、そういうのも含めての判断ですね。たとえば梅雨どきで四、五日空けると野菜が草に完全に負けてしまうなと思ったら、普通は片一方の草を残して片一方を刈るけど、今回は全部刈っておいていいな、とか。

　基本通りばかりではいかないから、そこは大胆に。自分でどれだけ手を貸せるか、作る人の背景もひとつの基準になるから、総合的に考えて答えを出します。

　毎年同じようなことをしているように見えるけれど、自分の状況も変わります。今はこれだけの研修生がいるけど、夫と二人だったら大雑把にやるとか、そういうこともあるでしょう。それは体験を重ねて学んでいくしかないですね。

総合的な見方を深める

悟史　山崎さんの「マニュアルは、ほぼない」と、靖子さんの「総合的に」の例ですけど、靖子さんのお父さんが、たき火をしたときに出た灰を、もったいないからタマネギを植えたばかりの畑に返したことがありましたよね。

山崎さんが靖子さんに「灰を入れたのは意味があるんですか?」と聞いたら、靖子さんは「灰はアルカリ性になるから効果はあるけど、やりすぎたら病気になるよ」「じゃあ、やらなくてもいいんですか?」と聞いたら、靖子さんの答えは「やらないほうがいい」。その答えにみんな大笑いしました。

目先の技術だけで考えるとやめたほうがいいかもしれないけれど、お父さんのもったいないと思う気持ちだとか、畑への愛情だとかを汲んだうえでの野菜作りですよね。ぱっと見たらわからないこともあるけれど、よくよく考えると、人への優しさだったり、僕らの知らない二〇年間の歴史あってのことだったりするので、一概に自然農の基本から外れているとは言い切れないこともあります。

靖子さんのお父さんへの愛情やお父さんの畑への愛情、それを笑えるということは僕らがそのあたりを汲めているということだから、それが学びであり、総合的なものの見方を深めていく練習になっています。

僕のイメージはヘンかもしれませんが、自然や畑は仏さまで、靖子さんはお坊さんで、僕らは修行僧という感じです。今までは人間が最初にあるイメージですけど、まず仏さまを拝む。わからないことは靖子さんに尋ねる、教えていただく。

靖子　いちばん最後の答えは誰が出すのか、そこのところをしっかりしとかないかんね。父が灰を畑にやっていてもしようがないかな、と思う。アルカリがすごく強くなって問題が起こったときは、そのことにお父さんに気づいてもらわないといかんでしょう?
「やっぱりお父さん、あそこでやりすぎたやろ。だけん、いかんとよ」って。実際、自分がやって結果が出てみたら納得するけど、やらんうちに止めたら、「あんとき、やっとけばよかった」ということになりますよね。

ヒロコ　トマトのときもそうでしたよね。去年、畝の順番をトマト、バジル、トマト、バジルと靖子さんはやりたかったのに、お父さんはトマト、トマト、トマトとやってしまった。やっぱり結果は良くありませんでした。

靖子　もうあれだけガッチリしとったらね。もう私、あの時点で「ああ、今年のトマトはよくないなぁ」ってピンと感じたけど（笑）。

ヒロコ　お父さんも途中で気づいて「もうしょうがない」って（笑）。

失敗しながら気づいていく

靖子　最初はやっぱり私も合理的にナス科はナス科で、わーっと並べたほうがいいと思ったんだけど、やってみたら、え？　それで気づいたのは、トマトは植え付けが平面的ではなくて立体的でしょう。だから風通しが悪くなるし、日当たりも悪い。一列おきにした方が風通しも日当たりも良くなる。ナス科でかためるとナス科に来やすい虫が寄ってくる。

休ませておいたところは来年すればいいんだと失敗しながら気づいてきたんです。二〇年やっている間に、私なりの答えの出し方ができた。直感も総動員して総合的にデザインしていくというか。

失敗はいろいろなことを気づかせてくれるから大事やね。私の性格かもわからんけど、許容範囲はけっこう広く取るようにしています。その人に本当に気づいてもらわんと、結局自分でわからないから。

聞かれたときには答えるけど、手取り足取りは教えない。一年たったら気持ちのうえでは自立したところに立ってもらいたいから。やっぱり来る人の姿勢は大きいですね。

早いばかりがいいわけじゃなくて、でも生業とする場合はスピードもいる。それは技術の問題です。失敗したら自分の手の貸し方のどこが悪かったのかなと考えるから、それに気づくことで成長できます。

でも技術は後から付いてくるんです。大事なのはその人の人柄で、「自然農やけん買いますよ」ではなく、「○○さんが作った野菜が食べたい」と、基本はそこにあります。だから最後は人間性が求められますね。自然農の場合はそれが問われていると思うんです。

でも自分のことはいちばん難しいでしょう。自分が中心になっているから、自分のことは見えにくい。だから畑を見て、野菜を見て、すると自分の立ち位置や関わりが見えてくる。草を半分残そうと思ったのに全部刈ってしまった、小動物への配慮が欠けていたなぁとか。野菜に添うのではなくて、自分に野菜を合わせていたなぁとか。

悟史　自然農を通じて人間の見方も変わってきました。今までは他人に違和感があったら、すぐにそれを直そうとしたりしたけれど、野菜を見ると、ほっておいたら良くなっていくものだということが実感として分かってきました。
僕がナチュラルにいれば、自分も人間関係もなんとなく豊かな方向に向かっていくと思って、人間関係でもすぐに解決しようとしなくなりましたね。

靖子　人間にとって邪魔だからといってそれを取り除いていったら、バランスが崩れて必ず問題が起こるということを、体験を通して分かるようになりますよね。人間関係にしてもそうで、あの人はちょっと…と思う人も、意味があって地球に存在しているんだと思って、初対面からつきあえるようになりました。
自分は一〇年前となんも変わらんなぁと思っていても、具体的に見たらやっぱり成長しているんですね。そうでしょう？　野菜の育て方も知らなかったのに、今はある程度できるようになっている。半年前と比べたら成長しているじゃないですか。絶対違うんですよ。

ヒロコ　私はそばで見ていて、彼ら二人がすごく成長しているのがわかります。私は週に三日だけ来ていて、彼らは毎日来ているので、すごく上達がわかりますね。鎌の使い方にしても畝立ての仕方にしても、この人たちうまいなぁと思います。

悟史　お父さんのおかげですよね。最初から育ててくれようという気持ちがあったと思うんです。ものすごく厳しかったんですよ。

ヒロコ　最初は集中攻撃だったから（笑）。

悟史　山崎さんが来られて、ちょっと雰囲気が変わって僕も明るくなったというか（笑）。僕らは自由放任主義で育ってきたんです。靖子さんのお父さんは昔の人なんで、鍬づかいでもものすごく細かく見ておられるんですよ。この手をちょっとこっちにやれとか、足がこうとか、こうしたら動きやすくなるとか、言われた通りにやってみたら、すっと行き始める。それをずっとやったら癖になってフォームになる。そういう教育のされ方は今までないですね。ここは自然農プラス昔ながらの技術、鍬づかい、鉈《なた》づかいまで徹底的に教えていただける。自然農のなかでも特別な場所です。

ヒロコ　お父さんも男同士、二人とやっているのが楽しいみたいですよ。若いし、「はい、はい」ってなんでもするから気持ちがいいみたいです。最近、お父さん、とっても元気です。寒い寒いって言いながら、なんでも作ってしまいます。

靖子　ひとつは父の中にいまだに好奇心、探求心があるのがよかった。自然農について私は何があっても曲げない、戻らない。父なりに、それはなんやろう？って追求する。

去年うれしかったのが、父が言った言葉。「本当の土は人間が作ることができん。土の中に小動物や虫、微生物たちがいっぱい生きているから畑が健康で豊かになる。耕すから肥料も農薬もいる。だから健康な野菜ができんたい」。父もぐーっと変わったなぁって感じました。

私が研修生に「草刈って」って言ったら、「松尾さん、お父さんから〝草刈らんで〟って言われました」って。父のほうが自然農らしい。「刈らんごと、刈らんごと」って、びっくりした。えらく言葉つきが変わったんですよ。

去年、父の近所の人が、父より若いのに、ぽとぽと亡くなったんです。それでショックを受けた父が、次は自分の番ではないかと気にしてて、「暇やったら、今すぐでも死ぬとやろうばってん、忙しゅうして死ぬ暇がなか」って言いんしゃったけん、みんな大笑いやったね。

自分が感動できる畑作り

山崎　僕は寒さで農業の厳しさを知りましたね。風が冷たくて雪が降っているときも、出荷のときは野菜を穫って、納屋で出荷の準備をする。そのときは「農業は厳しいなぁ」と思いました。

悟史　僕が山崎さんから学んだのは、足が冷たくて手が痛くても我慢するということ、ギリギリまで耐えようということです。今は手袋もビニールとかで寒さを遮断できるんですが、そのぶん無感覚になるんです。

この前、失敗だったのは、野菜が凍結したため朝がた収穫できなくて、日が照ってきてからレタスを収穫したんです。僕はビニール手袋をして手で触って大丈夫だと思ったけど、山崎さんが素手で触って「まだ中が凍ってますね」って。素手と手袋の差がこのへんに出てくるんですね。できる限り自分の感覚を研ぎ澄ますほうがいいと思います。

ヒロコ　私はゴム手袋で野菜を洗えない。感覚が違うから冷たくても素手で洗います。最近気づいたんですけど、大根とか人参とか、靖子さんのところの作物は色がすごくきれいなんですよ。いろいろ種類があるんですね。洗っていて最初は土でドロドロなんですけど、洗ってバッて水から出したときにきれいな色なんです。寒いけど、感動してワーッてなります。だから私は野菜を洗うの、大好きなんです。

山崎　自然農は機械に頼らずに、自分の体ひとつでできるところがすごいですよね。機械化する前は、農業は長いこと、自分の体だけでやってきたはずです。今までの人がやってきたんだから、自分でも何かに頼らなくてもできるんじゃないかと思うんです。できる限りやれるところまではやって、あんまりきつかったら道具に頼るという考えでやっています。体をこわしたら、なんにもならないから。

靖子　ここでは電動の草刈り機を使っているけれど、自然農を生業にしている場合、使わないのは難しいですね。使わないと草刈りだけで終わってしまう。いい加減かもしれないけど、時代の制約もあって、こんなことを言いながら車も電化製品も使って暮らしているわけです。

私たちは矛盾のなかで生きているし、生かされている。でも精いっぱい私ができるところでやったらいいんだ、それしかないなと思ったんです。できたら草刈り機は使いたくないけど、柔軟性もいるな、と。それでいて、どこまでちゃんとやれるかです。それで余裕が出てきたら、なるべく理想に近づくことが大事なんじゃないかな。

生業にしていると、野菜も出荷できる大きさにしたいというのがあるから、草なんかも思い切って切るときは切る。だから畑もそれぞれ醸し出す雰囲気は違うでしょうね。

レタスなんかは湿気に弱いので、草がぼうぼうだったら、おしりのほうが痛んできて、お客さんは事情が分からないのでB級品と誤解されます。求める人の立場に立ったら、できる範囲で配慮しないといけません。

生業にしていないと、そういう事情がわからないから、草が少ないと「自然農らしくない」と思われて、最初はもどかしさを感じたけど、でもわかってもらおうと思うことがいけないんだなと気づきました。営農と自給農とでは違いがあるということが自分で納得できていればいいんだな、と。

自分は変えられても、人を変えることはできない。でも感動で人は変わる。野菜を育てる畑を自分が感動できるような畑にしていかないと。言葉では伝えきれなくても、畑を見て感動されたら、その人は変わる。誰が見ても美しいなと思う、感動するような畑を作ることが大事です。

やってきたものを受け止める

靖子　でも二〇年前と比べると、びっくりするくらい自然農をめぐる環境は変わったなと思います。一人の人が「これがいい」と思ったことをコツコツやることで、世の中全体の価値観を変えるような力になりうる。少しでも気づいた人がやっていくことが、地球規模で考えるとすごいことになる。それは生業にしなくても自給農でもいい。
みんなでやるのと一人でやるのとは違うと思いますね。みんなでやっていると勢いがついて、労力的に1＋1が2ではなくて3とか4になります。仲間がいると楽しいから、お互いに元気をもらえるんですね。自分だけじゃないから、そこまで無理しなくてもいい。

人間のなかでは波長の合う合わないはどうしてもあるけれど、波長の合う人と作っているときは、どんな野菜を作ってもだいたいうまく育ちます。逆に合わない人がいると育ちにくい。やっぱりいのちがあるので、声には出さなくても波長の合う合わないはあって、実になる「気」がそこに入るかどうかに関わります。

私は長くやってきているから野菜の気持ちになれるんです。「間引きとか草刈りとか、いつしたらいいんですか？」と聞かれたときに、「どうしてもわからんなら、大根の気持ちになってごらん。今、間引きするのかしないのかとか、だいたいわかるよ」と言うんです。

悟史　人と野菜の区別がなくなる状態って、靖子さんのそばにいると本当にそういうことなんですよね。ナスに水をかけるときに、最初どうやってかけるのかを尋ねたら、「ちょっと暑いから水浴びをさせるように、こうやってかけてあげて」って。ナスを人として見てるんですね。

ヒロコ　「ちゃん」がいるんですよ、畑にいっぱい。「なんとか君」とか「なんとかちゃん」が。「ああ、頑張ってるな」って、私も自然とそうなりました。虫とかも最初は気持ち悪くてさわりたくなかったけど、今は「見て見て、この羽虫！」みたいな。

山崎　ヒロコさん、よくありますよね。

悟史　だから豆が枯れてきているときに、「あ、終わったな」と思った心を豆に見抜かれたら本当に終わるんだろうな、「立ち上がって頑張れ」と見てあげるのが大事なんじゃないかと考えたんですよ。「こいつダメだな」とかネガティブに思わないようになっていく。すると、日常生活でもあんまりいやなことを考えなくなって、人に対してもいいところを見るようになりました。

ヒロコ　私は今まで会社員として何十年も働いてきて、「結果を出してなんぼ」だと、なんでも結果で見られていました。自然農ってこっちから結果を出せないんですよ。向こうからやってきたものを受け止めるだけなんです。

だから私は最初、自分の中で葛藤がありました。さっとやってさっと終わるという今までの生活じゃなくて、じっくり待つというのが自分のなかでうまい具合にこなれてきたのは最近になってですね。

結果を楽しみに待つというのが自然農の楽しみ方なんじゃないかと思います。それが人との関わり方に出てくると、すごくいいんじゃないかと思う。靖子さん、お父さん、重明さんと話していると、そういうのがうーんとあるという感じなんです。

研修生に学ぶ

靖子　私も研修生によって鍛えられましたね。いろんな人が来るでしょう。ほめて伸びる人と、叱って伸びる人とがあって、その人の性格を見なければいけない。でもいちばん初めのときは、受け止める器がまだまだないので、五、六年前ぐらいかな、やめようかなと思って夫にも話したことがありました。でもうちは四月が入学式とかなくて、来たいと思ったときがその人にとっての入学なので、切れ目がなくてやめられんかった（笑）。

いろいろ勉強会があると、けっこう畑に出られないでしょう。自分のこととしてやっているという姿勢が欠けると、「松尾さんは仕事せんで、自分たちにばかり仕事させている」と受け止められて、実際にそう言われたこともありました。人間の弱いところだけど、慣れてくると、研修に来ていることをつい忘れて、手伝っているという感覚になりやすいんです。

私は研修生の受け入れを基本的に断ったことはないんですけど、明らかに学びに来ている姿勢じゃないなとわかったときは、場の雰囲気が変わるというか、みんなの波長が合わなくなってくるんですね。これではいけないなと思って、「独り立ちしてください」と言ったことはありますね。

私は他人に指図したり指導したりするのが苦手な性格で、ずっとそれで来たけれど、スパルタ教育の父からは「お前は甘い。優しいばかりでは人は育たん。もう少し厳しくせんといかん」と言われますね。

「お父さんの時代のことを押しつけても、今の人たちは耐えきらんよ」と私は言うけれど、今の人は恵まれたところで育っているから、いろいろなところで配慮が足らない。私も若いころはそう思われたんだと思います。

確かに研修生を受け入れている以上、私にも責任があります。人を受け止めるということは、その人が自立できるように少しでも成長してもらわなければいけません。じゃないと、自立した後が続きません。ここで直面した問題は独り立ちしたときに必ず同じ問題にぶち当たるから。そこのところを言えないなら、人を受け止める資格がないなと思いました。

だから研修に入る前、最初にみんなに言うようにしました。

「自分のこととして研修中にどれだけやれるかが、身に付くかどうかを決める。手伝っているのではなくて、修行に来ていると思ってください」

「今日来たら、何か一つおみやげを持って返ろうという気持ちでいてください」

「場を整えることは大事。自分が来たときよりも場を美しく整える」

豊かな社会で育った世代は、社会常識や礼儀作法にしても言われなければ気づきません。言われたことはするけれど、それ以上のことには気づかない。気づかない人は一年待っても気づかない。人の道を外れていると思うような人は言わなければいけません。だから三回見ていて気づいてないなと思ったら指摘することにしています。そうやって私も鍛えられてきました。

「三年続けたい」という人もいましたが、自立に向けて背中を押さなければいけないときもありました。

これは自分が厳しいことを言えるよう身につける機会だったな、自分には必要だったんだな、と思っています。研修生を見て私が学ぶことも多く、反面教師にすることもあります。結局、私がいちばん勉強させてもらったようにも思います。

研修生を受け入れることで、人との出会いはすごく幅広くなりました。私と夫だけだったら常に田畑の仕事に追われます。おかげで田畑だけではない役目も果たせました。違う役目をお願いされたときにも受け止めることができました。だから有り難かったなぁと思います。

みーんな変わりもんです

靖子　自然農を生業にしている人のなかでも仕事としているから面白くないと言う人がいるけれど、私は面白くないと思ったことがないんですよ。なんかやっぱりワクワクして楽しかった。手仕事だから腰が痛かったことはあるけれど。

遊んでいるというと、お百姓さんに対して失礼かなと思うけど、それぐらい楽しい気持ちでやっているということです。イノシシに入られたときは落ち込んだし、台風とかに遭ったら悲しい。風が吹いているときは胃が痛いなぁ、野菜が揺れて傷んでるなぁ、でも農業がいやになったということではありません。
そういう意味では父の血をひいているのかなぁと思います。意識の上では農業は嫌いだったけれど、そういう血が流れているのかも。父も母も貧乏だったけど、お金を超えたところで働くのは大好きで、だからこそやれたと思うんです。

悟史　僕は今は楽しいばっかりというか、楽しくないときがないという感じになっています。でも人にお伝えするときには、内からむくむくわき上がってくるものを抑えながら伝えています。そうでないと、「ああ簡単なんだ」と勘違いされる場合もあるし、深いところが伝わりませんから。
自分の親には自然農への理解は得られていないですね。自分自身も説明の仕方がわからなくて。近い存在なのでつい熱くなってしまう。課題です。妻の愛媛の両親は兼業農家なんで、その近くで自然農をやるつもりです。妻の両親は最初は「それで食っていけるわけない」みたいな感じでしたが、最近になったら「仕方ないね」と応援してくれています。

ヒロコ　私の選択について、友達は「やめろ」と「頑張れ」の二手に分かれました。

「その年齢で何やってんの?」と「その年齢だから頑張れ」と。やめろ派は「言ってもダメたい」ってあきらめてます。私も「わかった、わかった」と聞くだけ。争っても仕方ないですから。

山崎　僕の場合、一緒に住んでいるパートナーにはそんなに反対されなかったですね。経済的なことが最初は不安になるけれど、僕のやりたいという気持ちは理解してくれて「やってみたら」と。両親は「あんたは変わりもんやけんね。あんたがやりたいんならやったら」。でも彼女のほうの親は収入とか心配はあるみたいで、これは課題ですね。

靖子　この前、山崎さんのお母さんとお会いしたら、「松尾さん、うちの息子は変わっとうとですよね。土地もないとにですね、農業したいと言うんですよ」と言われるから、私は「お母さん、心配せんでいいです。自然農に来る人はみーんな変わりもんです」って(笑)。

覚悟は必ず試される

靖子　私もやっぱり地域で孤立した経験はあるんです。でもね、自分の歴史は自分でつくる。自分が本当にやりたいことがあったら、誰が反対したとしても、本当にやりたいのかどうか自分に問わないといかん。

揺れているのがダメなんですよ、まわりの人にとって。自然農しようかどうしようか、揺れている姿がまわりの人は不安なんです。「靖子はいくら言ったっちゃあ、言ったことはやり通す」って、みんなが思うくらいの信念を持っていたら、反対に応援してくれますね。時間はかかるかもしれないけれど。

義理の母も最初は自然食品店で買う天然醸造の味噌や醤油の値段が高いから「贅沢して」と言われたけど、私が自然農をやっている意味がわかってきて、最後のほうは、「うちんとは無農薬じゃけん」て自分でなんか誇りにするようになりんしゃった。私も寄稿した『自然農への道』（川口由一編、二〇〇五年、創森社）が出たときは、涙を流して「よかったねー」って。

最初はいろいろ言われても、ひたすら自分が歩み続けるなかで、こっちがまわりを変えようとしなくても、まわりが変わってくるんです。だから信念はすごく大事です。本当に自分がやりたいと思うことをやっていたら、人はそういう人を絶対ほうっておかないし、見守ってくれる。その人が生かされるようになっているのが道だなと私は感じました。

もし生かされないことがあったときは、それはその人が本来やるべきことをやってない。自然農が悪いんじゃなくて、その人のありようが問題。私は研修生もお客さんも、向こうから来るご縁を大事にしているだけです。それで二〇年間、途絶えなかったのはすごく有り難かったです。本当に私は恵まれているなぁと心から感謝しています。

悟史　僕は今までは効率性や経済性を徹底してきて、広島のホテルで働いていたときも、「同じものであれば安い方がいい」と百円ショップでも違和感なく買ってきました。

でも、ここで靖子さんに連れて行ってもらう店は、店主一人がこじんまりと良心的にやっている店で、そこで靖子さんはためらわずにいろいろ買われるんです。

そのうち僕の買い物の考え方が変わってきました。僕も使うんであれば、値段じゃなくて、顔が見えるお店でしっかりした物をなるべく買うようにしたい。そういうところでお互いに回していけたらいいですね。自分が自然農の野菜を買ってもらう立場になったら、お客さんにそうしてくださいと言うわけですから。まず自分がそうじゃないと。

靖子　自分がそうありたいなら、まずそういう人を支援する。そういう覚悟で臨む。なんでも最初にやるときの覚悟、何がなんでもやるという覚悟があるかどうかでだいたいが決まります。何かをやろうと決意したときに、少しあいまいな気持ちでやると、必ずその決意を試されるような大きなことが起こりますね。絶対起こります。それでも前に進む決意があるのかを試されます。

そのときにぶれるんです。「あー、自分には向いてないのかな」とか「このことをするなって言われてるのかな」って、つい後ろ向きに考えてしまう。

そのとき試されるのは、野にあってしっかり生きていく力と人間力。人としての魅力。味わいはそれぞれあっていい。せんでいい苦労はせんでいい。けど極めようとしたときには、その人に見合う分の課題は必ず出てきます。

今日を精いっぱい生きる

靖子　私は野菜を自分の家族のために作っていて、私が食べているものと同じでよかったらどうぞ、という姿勢が根本にあります。だから自給自足の延長なんです。最初、有機農業をやっているときにお客さんが減ったことに一喜一憂したけど、やめた人がいたら必ず新しい人が入って来るというのがわかってきたから、また違うご縁があるんだなと、揺れないですね。本当にそうなるんです、不思議と。うちがなんとか食べるだけのものと、そのとき必要なものは必ず付いてくるようになる。

悟史　それが普通は怖くて、「もしかしたらこうなるんじゃないか」と考えてやらなかったりするんです。信じてやっていけば大丈夫ということを、「だけど本当かな」となかなか信じられなくてやれないんです。本を読むだけだとなかなかやれないんだけど、でも一年間、近くで見させてもらうと、本当にそういうふうに靖子さんのまわりでは動いてるんですよ。

靖子　「これ」をつかみたいと思ったときに、ここに今自分が持っているものをいったん離さないと、「これ」はつかめないんですね。お金は貯めるものではなくて生かしていくもので、生かしていけば生かせてもらえる。絶対困ることはない。生かし合うという気持ちは伝わるんですよね。自分がお礼としていただいたお金をどう生かして使うか。お金の使い方イコール生き方です。食べ方が生き方とつながるのと一緒で全部つながっていますよ。

明日、明後日のことを考えたら不安になるじゃないですか。結局は今日を精いっぱい生きることしかできないですね。今日を精いっぱい、自分が生きることができるところで生ききる、その積み重ねでしかないなぁって。

もし自分に課題があって、そこを超えたときは昔の課題も消える、なくなる。それは未来につながっていく。過去、現在、未来はひとつなんだなぁと思います。今日を精いっぱい生きることが大事で、今日幸せじゃなかったら明日も幸せじゃない。今日幸せかどうか、常に今日を大事にしたらいい。それは自分がやってきたのでよくわかるんです。

私もいろいろ経験しての今だから、一〇年後は変わっているかもしれないし、永久にこのまま行くとは思えません。常にいのちは人間であろうが植物であろうが変化してるということは思っておかないといけない。形あるものはいつかは壊れるということも思っておかないといけないなと思います。

何が幸せかはそれぞれ違う。自分がこの世に生を受けて何をつかみたいのか、どういう幸せをつかみたいのかをはっきり持っておくのは大事です。

でも農業をやっていて思うのは、田畑にお米とか野菜とか育っているというだけで、すごい安心感があるんですね。天変地異が起ころうが、会社が倒産しようが、何はともあれ食べるものがある。それは生業であろうが、自給農であろうが変わりません。

農的暮らしをみんなやりたいなと思われるのは、そこのところがあるんでしょうね。土が生み出してくれるもののなかに大安心の世界がある。お百姓さんでいい顔している人が多いのは、そんななかで生きて来られたことがあるのではないかなぁ。

第6章 父が語る百姓の歩み　その三

龍国寺での父の話が続きます。父の話にみんなは時折、質問を挟みながら耳を傾けています。

極貧生活を続けながらも少しずつお金を貯めて土地を買い、自作農の道を歩み始めた父は、篤農家として認められていきました。一方で農薬による健康被害といった現代農業の弊害も指摘されるようになってきます。増産の時代から減反政策、補助金農業へ。日本の農業が衰退していきました。

有機農業を続けていた私は、自然農という世界と出会います。父は畑を通して、そんな私と自然農を見続けてきました。

草もキュウリも健康色やもん

――お父さん、私が自然農始めたろうが。そんときにお父さん、どげん思うた？

自然農たぁ私たちはこの人（靖子）が始めるまで知らんやった。初めはな、内容もようわからんけん、「耕さんでどうして植ゆるかいな」と思いよった。とても手間暇のかかって、でけんじゃろうと思うとった。

私は近代化農業を五〇年もしてきとうけん、自然農て言うたっちゃピンと来んこともある。経験しとることが悪かこともあるとたい。

この人が一定面積、「自分がしたかけん、ここは私に任せて」と言うけん、二年ばかり作らしたが、なんも穫れとらん。「ほら、有機農業せにゃ穫れめえが」って言いよったたい。

ばってん、三年五年しよって、私もすぐには気が付かんやったがね、草が健康体になって、色目が良うなってきたもん。なーんも癖がない素直な無理がない色。肥料入れると青黒うなるとですよ。

ばってん、草の勢いが肥料をやった草と違うて、自然の力ででけた草やけん、もう無理のなかとやもん。もういかにもヨモギっちゃツヤツヤして。「ほう、これは草の色が良うなりゃ、作物もそうなるっちゃな」って思うて。

そんで、これはやっぱぁ土が変わりよるばいなぁと思うて下を見てみりゃ、ミミズやクモがいっぱいおろう。ほかの虫もいっぱいおる。草のあるおかげで、土の中の生物たちが活動するけん、土が健康になりよるし、草も健康になりよる。そげん変わってきたけん、やっぱぁこれだけ地力の付きよるなぁって思いよった。

そうしたら、その次作ったキュウリやマメやらが、肥料やったごとは大きゅうはならんばってん、健康色やもん。「ほー、こらやっぱぁ、ここで長う続けよりゃ少しずつよくなるんじゃなぁ」と。それがわずかずつの変化やけん、注意して見ようにゃあわからん。

自然農のことは、経験したもんやなからにゃわからん。健康色はどげんしとうとか、色目がどうのって口で言うたっちゃあ、実物見らんことにゃわからんでっしょうが。晴天の日ほど輝いて見えるとです。

医は土に学べ

父は百姓らしく、まず野菜の色つやや草の様子、土の具合から善し悪しを診断します。それから、さまざまな資料に当たって理論を求めます。

そんで、熊本の竹熊（宜孝）先生が「医は食に学べ、食は農に学べ、農は土に学べ」って、そげん言わっしゃあ。つなげて見りゃあ「医は土に学べ」ということになる。

土が健康になるには、ここに住む生物たちが健康な生活せにゃいかんちゅうことになる。本で勉強しよったらね、地上で生きとるもんよりも、地中に生活しよるもんの数のほうが多かもん。そりゃ顕微鏡下のことやけん、私もわからんばってん、一グラムの土の中に二億五千万ぐらいの生物がおって初めて土が生きとると言わると。

それから京都大学の小林達治《みちはる》という日本一の微生物学者の本を読んだら、ミミズの糞の中には放線菌とか有効菌がいっぱいおる。ミミズが土の腐植物を食うて糞をする。それやけん草の中は耕さんばってん土が団粒構造になっとる。

それが耕やしたらどうなるかて言やぁ、土の中の生物が攪乱されて殺されてしまう。いっときは耕しとるけん通気性がようて、土は立派なごとある。ばってん時間の経ったら自然と土が締まって苗から作物が穫れるころにゃあ、中を耕さにゃあ締まりすぎて酸素が足らん。もう先細りや。それで中耕が必要になる。

そんだけん身土不二ですね。植物も土も動物も同じということ。土が健康にありゃあ植物も健康。植物が健康にありゃあ、それを食べる動物も健康。そういう関連性があることが、このごろ自然農しながらわかってきた。それまでは私はわからんやった。

ばってん、二〇年ばかり見てきて、自然農は毎年、土が少ーしずつようなっていくけん、将来の見通しは明るいと思う。いっときすりゃあ、油かすも米ぬかもやらんで、土のおかげで一人で出来るごとなる。植えたり収穫したりの手伝いするだけで、先ではなーんもやらんで出来るごとなるとやなかろうか。

素直な味、健康のもと

――お父さん、慣行農法と有機農法と自然農と、野菜やお米の味はどうやった？

そりゃ、なんか自然農の野菜はね、特別おいしかとか何とかでないばってん、無理がない素直な味としか言われん。有機農業はスイカでも甘味が違う。化学農法は口当たりがガチガチする。それは私だけやのうて、みんな言う。

もひとつ大事なことは、作物の寿命の長うなる。それが不思議。キュウリは六月に定植しときゃ、もう今はお盆ごろまで持ちよる。ていうことは、そのおかげで人間の寿命も長うなるっちゃなかろうか。

――自然農のお野菜を食べてから、野菜だけじゃなかろうばってん、健康になった人も多かね。

それのあるけん、私も不思議なん。私が聞いたとはね、四、五年前ばってん、唐津の保育園に野菜を届けよったが、子どもと父兄が三〇人ばかり遠足がてらうちの畑に来て、父兄が「風邪がはやると、よそは学校閉鎖やら学級閉鎖やらでも、うちの子はおかげで風邪ひかん」て。

先生が子どもたちに「あなたたちの食べた野菜はこっから来よるとよ」て言うたら、子どもが「おじいちゃんとこのは農薬かけてないとやろ。僕たちはおかげで元気」って言うけん（笑）、「どうして知っとる？」て聞いたら、先生が教えさっしゃったって。

ここは、なんも危ないもんがないけん、オムツばまだしとるような子もその辺で遊ばせて、みんなは畑ばしよんしゃぁよ。滑り台やら観覧車やらそげんとはなかばってん、子どもたちは網ばもってきて、春は蝶々、夏はセミやらカブトムシやらつかまえたり、高いところから低いところさ、キャーキャー言いながらかけずりまわりよう。

銭がいくらあったっちゃあ、健康がなかったらなーんもならん。

——自然農やってて何が問題と思う？

モグラからやられたり、鳥からやられたり、長雨でやられたり、干ばつでやられたり。出来、不出来ができるけん、それをどうしていくか。まず、そこが問題。

ばってん、不思議なことにね、そうして出来、不出来もできるが、びっくりするとは、いっぺんも今週は出荷のでけんということのなかこと。それがまた自然の力（笑）。片一方が不作になりゃ別のもんが出来る。どうやらこうやら、まがりなりにもつながっていきようところが、私たちの理屈じゃわからん不思議たい。

ただ私たちが困るたぁ、お客さんがいて「ばっかり食」になるとですたい。なすびがいっぺんなり始めりゃあ毎週毎週なすび（笑）。たんびにそればっかり。ずっと変えていかれりゃよかばってん、消費者から言やぁ、送られてくるセットの中には、いるもんもいらんもんも入って来るじゃろうと思う。スーパーで自分がいるもんば買うてきたほうがよかったってことになりゃせんかと思う。そこがやっぱぁ一つ問題がある。

――お父さん、「ばっかり」っていうかね、その時期に穫れるもん食べたらよかけん、ほんとは消費者が、「ばっかり食でよか」て思わないかんとじゃなかかね。

買うもんも、やっぱり選ぶ権利はあるとやけん。そこいらが一つの大きな宿題として今後考えて、どこまでも「あっちの品物はよかねぇ」と言わるるもんでなからにゃ長続きはせんだろうと思う。

だんだん自然食品の店がでけてきたけん、そういうところで、我がいるもんだけ買うてくるとか。そういうこともあるじゃろうと思う。

便利な時代をどうするか

父の世代は、重労働だった農業の苦労をいやというほど知っています。それだけに、そこから解放してくれた機械の便利さも身にしみているはずです。人々が便利なほうに流れるのはよくわかるけれど、かといって便利さばかりがもてはやされてしまう時代を良しとはしていません。


こういう文明の時代になって、昔なりの手作業の仕事ばかりじゃ果たしてみんなが付いていくじゃろうかと思う。もう人の骨折るような時代ではなかなかごとなっとろうが、時代がすべて。

いま田植えを「手で植えちゃんない」て言うと、一般の人は「えー、そげなことば今どきできるもんかい」て言うとが大部分やろ。今の人は機械で一人一町歩くらい植えるとよ。自然農の田植えは一畝に一日《いちじつ》かかるもん。能率のことをどう解決していくか。

トラクターもリモコンで操作して無人で動く時代。自然農の理屈はわかったが、手間暇のかかる仕事やけん、これから先の人がどっちを選択していくかが課題たい。健康とか地球環境とか言うたっちゃ、なかなか太うなった者は細《こも》うならんけん。私たちも一生懸命自然農をして、少うしずつは共鳴者の増えてきようばってん、そりゃもう全体から見りゃ微々たるもん。一般の人は逆にばっかり行きようやろうが。

今どう進めていってよかかわからんとですばい。大作になればなるほど化学肥料がいる。除草剤なしやと草ばっかりになって、どうもこうもやりきらん。しかし今のままやりようと、耕せば耕すほど土はダメになる。生態系がめちゃめちゃになって、やっぱぁ農業はつまらんやったばいとなるとじゃなかか。

昔は手で植えとったです。そうして一町作って、うちだけで手に負えんけん、近所の人が誰彼となく「加勢しちゃんなっせぇ」と言うて、お互いに一週間ぐらい助けおうて田植えしたもんです。私たちゃ近所まで行って、一カ月くらい田植えばっかりして、帰ってくりゃ自分の田んぼの草を取って、それから勤めに出て行きよった。

やっぱぁ大変な仕事やった。機械もなーんもなか。田の畦の水の漏らんようにせんならんけん、初めは苦労教育です。向こうの畦に行くまで腰あげて立つことならんて、そうして鍛えられたとです。とてもきつかった。

これば手作業でするということはね、とても容易なこっちゃないんです。それで誰も彼も機械に飛びついて、体は楽になったけれども、今度は経済がついていかんようになった。機械代は払わないかん。農薬、ガソリンが要ろう。

そんで大作しとう人は、「いっちょも面白うなか」て言いよる。機械がしてしまうけん、農業の本当の面白さはなかとです。機械で助かったことは助かった。ばってん今度は「面白うない」。

大作しよるとこの奥さんが言わっしゃあがな。「主人が近所の田を借りて八町歩つくりよう。平地やけん、どんどんどんどん機械で植えていくばってん、私は苗箱洗いばっかり。田植えはせんでよかです。何千という空き箱片付けばかりするとです。くたびれて、そうして金は見たことがなか。農協に預けとるけん、あとは計算書の来るだけで、どげんなっちょるか、いっちょもわからん。きつかばっかり」って。

自然農は非常に骨折るけどね、自分の作ったもんが色目良うなるやら、お客さんが喜んでくださるやら、それで元気づけられてするとですよ。金に代えられんことがやっぱあるとですね。

太陽はタダじゃもん

自然農をやってみようと集まってくる人たちに農家の方はいません。農家自身が機械化農業、化学農業に問題を感じていても、有機農業や自然農が広がらないのは、やはり経済の問題があるように思います。なぜ農家は自然農をやらないのかと質問される方もいます。

——お父さん、ほかのお百姓さんは、なんで自然農をやらないんですかね?って。

私も近所の人と時々話すとですばってん、自然農に対しては「いーや、私たちはとてもそげな農業ばしきらん。そげなことしよっても食われん」て言いなる。ところがですな、不思議なことがあるとですよ。私たちはこげーなことして銭にはならんけど、自然の摂理に添うて生きよりゃね、金は後から付いてくるごとなるとですよ。

確かに思うたようには、いっちょん金は取れんとですよ。農家の人に聞いてんなっせ。機械を入れて一〇町もすりゃ良かごたるごとあるばってん、そりゃあ〝土管式〟たい。入り口と出口が同じやもん。うんと増産しても、それに対する費用がかかる。計算じゃ八町も作っとりゃあ寝て暮らさりょうが、実際にゃそうはいかんとよ。

そしてコンバインは稲刈りだけしかせんとです。あとは一年中、遊んどるとですよ。田植え機は田植えの一週間ばかり。そうじゃろうもん。そのうち一年中遊ばしときゃバッテリーは上がる。バッテリーを替えにゃいかん。ちょっと機械が壊れたら、自分で修理はしきらん。二〇万、三〇万円はすぐ取らるる。そんだけん、収支計算が合わん。機械奉公たい。

私たちもこげんしてみてわかった。こりゃどういう真理の働きかって。ぜいたくな生活はでけんです。人参の草取りしたっちゃあ能率の悪か、手間暇のかかる手作業ばかり。そげんこととして、どうして生きらるるかって。

自然の理というのは不思議なところがあるとですよ。それのおかげで健康になって金がいらんやら、ほかのことで助けを受くるやら。土の中の動物たちが加勢して地力ができとるけん、肥料は要らん。

　それで私は思いよる。水耕栽培は今、経済的に何もかんも出来ようごとあるばってん、ハウスにすりゃ金のかかろう？　蛍光灯もタダじゃなかもん、光熱費を払わにゃ。そんだけん、今度は計算のごといかんようになる。

　こっちは太陽もタダじゃもん（笑）。土の中の働きよる動物たちには給料払わんでよかっちゃけん（笑）。虫たちの力を借ってすりゃあよかろうが。これは自然の摂理を勉強していきよりゃあ、計算に乗らんことが出てくるなぁと思いよる。

　よう考えてみりゃあ、金は便利なものであって、必要なものではないんですよ。必要なものはモノやもん。そんで金取ろうとすりゃあ、どうしても農業はダメって。ところが工夫して生活するとなりゃあ農業がいちばんって。モノがあれば、金はあんまり要らんとです。

銭金に変えられん価値

――お父さん、それでもお百姓仕事はきつくないですか？って。

ところがね、苦を抜く方法があると。「忘我育成」、自分を忘れて相手を育つるという、ちょうど女の人がね、子どもを育つるごと。わが歳を食いようとは忘れて子育てをすっとや。そうやっていくと、苦労が苦労でなかごとなる。

なしてこげな所に来るか？　ここに来りゃほっとする。ストレス解消になる。大地の影響、マグマの影響やろか。大地と接触して、太陽の光の下で暮らしようけん。

それから言うとね、天地自然のなかで、金にはならんばってん、健康に自然の恩恵受けて暮らするるたぁ、ほんとに幸せやなと思う。私ゃあ、それだけで銭金に換えられん価値があるなと思うとる。

みんなゴールデンウィークになったら車渋滞させてどっかに遊びに行って、お金ば使わな楽しめんごとなっとらっしゃあ？　何かあげなとば見てたら気の毒なごたぁ。お金使わんでも、自分で食べる野菜ば作りよったら楽しかとに。食べるものと、交際費やらがちょっとあれば足りるやろうもん？

それやから、人に売ることなんかせんでよかけん、自給自足で自分の家の足しになるよう土いじりすりゃあ、それだけ気分が収まるし。我がごとだけ試してみるが、いちばんよかとですよ。それで間違いのう健康で一生送らるりゃあ、それに越したことはなか。
私も我が体で体験しよったけん、これから先もどこまで健康でいかるるか。そうやけん、元気な野菜ば食べよったら、この歳になってもこげんして健康的に働けるということを毎日畑に立って証明しようとたい（笑）。

思いもよらん地変が起こる

やはり父には人々の食を支える農業に対する特別な思いがあって、衰退していく日本の農業を見て憂えていました。現在の機械化農業、大規模農業、化学農業の問題点を知り、効率や合理性を優先する現代人の風潮にも不安を感じているようです。

この間、うちでいろいろ話をしよったら、ある人が「先のこと考えたっちゃあ、思うたごとなりもなーんもせん。たった今、良かごとばっかりするがよか」と言いよったい。「たった今が良かごとすりゃあ、先がどうなろうと、取り越し苦労はせんでよか。そんとき考えりゃあよか」て（笑）。それも一理ある。それが今の文明社会の思想のあり方。

ところが馬と牛が麦の穂を腹一杯食うたい。先がどうなるか。腹のなかが太ってしもうて死んでしもうた牛もおる。やっぱ先はいっちょも考えんで食うたら、牛や馬と同じになる。先を考えにゃならんこともあると思う。足踏みせんならんこともあるっちゃ。

なんもかんも我が都合の良かごと、人間に都合良かごと。そういう考えになってしもうた。そして、ああ便利になった、うまかった、楽しかったばっかりたい。

人間だけが楽しかろうが、そこにまた困ったことができよろうが。川も汚れ、海も汚染してだんだんと魚貝類も住めんようになってきとる。食べ物も、地球も化学物質や薬漬けになってしもうて悲鳴をあげよう。そんでほかの動物たちが犠牲になりよりゃ、またそれが回り戻って人間にも具合の悪うなる。宇宙が循環しよるけん、そうなるっちゃ。

私たちぁ政治家でもなけりゃあ、学者でもない。一介の農民やけん、農民としての仕事をしよりさえすりゃあ間違わんと。少しでも自分でできることをしよりゃあ、それでよかと思う。

これからの農業はコンバイン農業ゆうてね、もう全部きつかことはロボットがする。重機がするから人間は、もうただボタンの操作いっちょうで何でもできる。そういう進んだ時代になっとるが、だいたいこれは進んでいきようとか、間違うていきようとか、私は不思議でならんとたい、ほんなこと。

私ら心配することがなかなら良かばってん、どうもこのまま行きよりゃあ、おかしなことばっかり出てくるんじゃなかろうか。そうすると、天地の怒りがあって、大干ばつがあるか、大地震があるか、思いもよらん地変が起こってくるけん、人間の想像のつかんことが出来てくる。そういうことにならにゃよかがと、常々こういう仕事しながら思いよる。

瑞穂の国の農業

父のこの言葉から半年後の二〇一一年三月一一日、東日本大震災が起こりました。同じような思いを抱いていたのは父だけではないと思います。それだけ世の中が経済優先、便利一辺倒に流れていって、本当に大事なものを忘れていることに危機感のようなものを抱いていたからだと思います。

まだ私はこの自然農がね、将来背負うて立つ農業かどうかていうことはわからんです。みんながどう受け止めらっしゃぁかで決まると。農家の人がちっともこっち向かんもん。近所の人たちゃあ、笑うて見よんなるぐらいやろ（笑）、「あなた、まぁ手間暇がかかることして、どうして？」って言いなるくらいやもんね（笑）。

農家の人が「ほんに良か方法やけん」言うて、一人増え二人増えすりゃよかとばってん、うちで研修のした人の中で、生業にしたかっていう人が一人増え二人増えしよるばってん、減るほうも減りよるけん、そこはどげんなりよるかわからん。

将来、国はどげな農業を進めようと思いよるか、それも農水省あたりも四苦八苦やろう。はっきりした農政をしきる、そげんわかった人はおらんちゃろ。どげんしたら良かかいっこうわからん。なんもかもいっちょんわからん。

——お父さん、今、農業は大きく分けて、私たちのしよる自然に添う農業と、機械化・大型化の農業と二つあるばってん、これだけ地球環境が悪化しようけん、人間と自然が調和していく方向に行かんことには……。

それがこの際、「自然農しかなか」と言ゃぁ言い過ぎやろ。こういう方法があるというこったい。自然農という環境と健康を考える方法があるということしか言えん。

今こげな時代になりゃぁ、「おれがしよるとが、いちばんよか農業じゃ」と、有機農業しよる人もある。循環農業しとる人もある、微生物農業しよる人もある。

まぁ、ばってん自然農は先がいくらか見通しが明るいけん、なんとかこれが本当の農業やというところまでこぎつけないかんなぁと思いよるが。

いろいろ話しましたばってん、これから農業がどうなるか、見届けて死にたいと思いよります。

瑞穂の国やけん、農業は大事な基幹産業。人の命を預かっとる、地味な仕事ばってん、いちばん大事な仕事や。命に関わるもんやけん、これが尻すぼみにつまらんごとなっていきゃあ、日本中が間違うてしまうことになるけん。

いくら世の中が進んでも、昔から今に変わらんのは、三度三度飯食わにゃ生きられんということ。いっちょも変わっとらんですもんなぁ。食は健康、食は命、これが基本にならにゃあ。なんとか農業だけはどげん時代であっても、まともに進んでいかせにゃいかんなと思う。そうすると、国のことも具合よう行くようになるっちゃぁないですか。大自然の真理からすればね。

工業のおかげで経済大国になっとうけん、工業国でなからにゃいかんが、農工並進の道がなかろうかて思う。農業と工業と同時に進むようにする。片っ方だけじゃいかんもん。自然の摂理、自然の営みの中で工業を進めにゃいかん。その道はなかろうかと願うし、そのひとつに自然農があるということじゃろうと思います。

両面あるけんですな、将来どう変わっていくか。ばってん食は命やけんね、みんなが健康に生きていかるる食べ物つくらんことにゃいかんとやけん、それが根本にあるとやけん、そこがいちばん問題です。手のいるとか手のいらんとかは別問題ですばい。

どっちにしたって、正しかことが残っていくとやろう。私たちはそれぞれにやってきたばってんね、最終的には娘のお陰で自然農に出くわせて、これが本当の農業の姿かなと思うて、今しよります。老いては子どもに従え、ですしね。いかに文明が進んでも、天地のおかげで生かされていることを忘れてはいかん。

働くことは全身の浄化たい

毎年、自然農を学びに来ている若い研修生たちは、父にとっては大きな希望のようです。ずっと農業は見捨てられてきたのに、この時代、農業に目を向ける若い世代が増えてきたことを父は喜んでいて、彼らと一緒に働くことがすごくうれしいみたいです。

こちらから迎えに行かなかったら、父は王丸から松国まで片道一二キロを三時間歩いて来るんですよね。その気力にはびっくりします。何かそれくらい自然農がしんどくても楽しいようです。

先日、父は「もう自分は七〇歳になったら、植木の選定やらして、ゆっくりした人生過ごそうと思うとったら、もうなんかこげん充実した日を送るとは夢にも思わんかった」と話していました。

――お父さん、いま自然農を手伝いに来てくれようけど、あの若い人たちと毎日、自然農ばしてどげん？

んー、いや、やっぱ夢があるだけにね、面白か。なんちゅうか魅力がある。

若い人が今後どのくらい農家の厳しさを分かるかが問題。そんで私がいきなり話すとは「あなたたちは八時間労働という教育受けとろうばってん、農家はそういうわけにはいかん。作物には祭日も日曜もなか。八時間働けば食っていかれると思うなら給料取りにならな」って。

台風が来たら畑がどげんなっとろうかって見にいかにゃ、それくらいの心がけなからにゃあ農業で食えんけん。そういう厳しさを知ってもらうことがいちばん大事です。

農家の厳しさというとは分からんとやけん、わが動いて見せにゃあ、「百聞は一見にしかず」で。みんなたいがい大学出てきとうけん、頭はちゃんと私たち以上に分かっとらるる。ばってん知識があるだけでは知っとることにはならんとや。体で覚えさせるごとせにゃいかん。

そこが実際は難しいところです。あの人たちが晩方まですりゃ晩方まで、必ずわが動いて見せてせにゃぁいかんところが難しか。もう八五歳になったけん、体力がごとごと落ちて、一日中、朝から晩に二〇代、三〇代と一緒に同じごと働いて仕事しとりゃあ、もう体が持たんごとなっとる。

——どうしたら、お父さんのように働き者になれるんですか？って。

楽しく仕事をすることたい。じゃぁ楽しく仕事をするにはどうしたらいいか。それは、技術を磨くことたい。どうやったら美しく上手にできるか考えて、工夫して仕事をし続けたら段々と技術が上がってくる。そうしたら仕事が楽しくなってくるとたい。「農技なければ農魂なし」って松田先生は言いござった。

働いて腹が減ったら、ご飯がおいしかろうが。美味は勤労による空腹によってなるとよ。生産は泉よ。泉はいくらでも湧いてくるやろうが。泉の生活をせにゃならん。ため池の消費生活ばしよったらつまらんばい。

畑ば続けよったら楽しくなるたい。もっと続けたら、もっと楽しくなる。夜、布団に入っても「もうちょっと、あげんしてみようかな。こげなとば植えてみようかな」っていろいろ考える。「イノシシが今ごろ畑に来て悪さばしよらんかな」って気になって、そうすると毎日 朝起きると畑に来てしまうとたい。そうなったら、もっともっと楽しくなるたい。朝は寝ておれば、昼は食を忘れ、夕方は日暮れが残念になる。

働くことは大事よ。働くことは全身の浄化たい。働いたら、汗がたくさん出ろうが。働いて汗を出して解毒して、全身を浄化するとたい。汗をかいて働くことが大事たい。

苦難の人生、天の試練

子どものころ、お風呂で父が話してくれたことは「水を向こうに押しやったら、こっちに返って来るやろ。人に与えたものは必ず返ってくる」。与えたものは返ってくる、人を生かせば人に生かされる、ということを学びました。

時代は違いますが、私はいつの間にか父と似たような人生を歩いています。父が若いころ、新嘗祭に献上米を出して農業に生きることを決意したように、私も青春を燃やす何かを求めていました。父の田んぼに見学者がたくさん押し寄せたように、私の田畑にも人がいっぱい来るようになりました。

ばってん、じゅうぶん苦難の人生じゃったですね、今から考ゆると。やっぱり私はそれだけ若いとき、苦難に遭うことが必要やったかもしれん。天の試練やったかもしれん。

ばってん、子どものころから考えて思い起こしたら、悪かことばっかりでもなか。

そういう苦難の道を行きよるなかで、やっぱり良かことも……特に良かったのは連れ合いに恵まれたちゅうこと。そりゃ私以上に苦労しとった。もう小学校出てすぐ奉公に出て鍛えられとるけん。そうして兄さんが戦死しとろうが。そいでわが家の納屋は空襲で焼かれとる。それやけん、どげん苦労したっちゃ付いてきとる。

そうこうしながら、今も健康でおるから、ようここまで付いて来なった。もう連れ合いも八九歳。それが今まで、そげん生きられたということたぁ幸いやった。連れ合いが良かったということで、私も今日がある。

やっぱぁそんで、大国主命の因幡の白兎、「捨つる神があると思や拾う神もある」と世の中言うが、そういうこと私も考えよった。なんもかんも悪かかといやぁ、そうはなっとらん。悪かこと、良かこと、両方あったが、夫婦して元気でおることは幸せで有り難いことです。

ばってん、私はあの若いときのつらかことはすべて忘れようと思うて。それを思いよったら頭の痛うなるけん。この世でうまくいかんかったこと、苦労したことは全部この世へ置いといて、笑って暮らした楽しかった想い出だけば持って天国へ行くとたい（笑）。この世は八〇年の人生ばってん、天国は永久に暮らさんならんけん。天国ではもう楽な生活をしようと思うて。

終章

いのちが巡る世界

壊れた唐箕を喜ばせる

このごろ思うのは手作り、手仕事の豊かさです。

唐箕《とうみ》という農具があります。脱穀した籾や麦に混じった藁くずやごみ、未熟粒を風で飛ばして選別します。ある日、研修生がこの唐箕を車で運んでいる途中に、道路に落として上部の一部を壊してしまいました。

骨董店で古物を探したり、大工さんに修繕をお願いしたりしてもらうこともできたけど、研修生二人は休みの日に、砕けた木片を合わせて設計図を書き、一日かけて自分たちの力で修理しました。

私もびっくりするくらいの出来です。おまけに、「安野」という農具メーカーなので「やすのとうみ」（安野唐箕）と書いてあったのが、「やすことうみ」に換えられていました。これから「靖子唐箕」と呼びましょう、と。

父が「ようきれいに作ったなぁ。壊れてよかったなぁ」と冗談を言うので、私も「下も壊そうかな？」と言うと、研修生たちは「下は次の研修生に回してください」（笑）。

なぜ修繕しようと思ったのでしょう？

私はよく「野菜の育て方でわからないときは、その野菜の気持ちになったら答えが出るはずよ」と話します。研修生たちはそれを覚えていて、「じゃあ、壊れた唐箕はどんなふうにしてあげたら、いちばん喜ぶんだろう？」と考えたそうです。

この唐箕にしても、羽根車で風を送ってゴミを飛ばす実にシンプルな道具です。この簡単なつくりに、四季のなかで日本人が養ってきた情やきめ細かさを見いだすことができて、昔の人の知恵はすごいなぁと感心します。

同じように、足踏み脱穀機を分けてもらったときも、土台がダメになっていたので、板を買ってきて、一日がかりで修繕しました。それにかける時間を考えたら買った方が早いですよね。

今はお金をぽんと出したら、だいたいのものが買えるけれど、手仕事は願いや思いを込めて一生懸命作っているその時間が大切、その時間が幸せなんです。道具は手の延長だから、手と心が一緒になってつくり出すものは自分の魂がこもるんですね。

最初はそれがわからなくて、研修生たちに「自分で道具を買って」と言えなかったけれど、他人のものは意外と乱雑に扱ってしまいます。これじゃだめだなと思って、今は「研修生でもせめて鎌と鍬ぐらいは準備して」と伝えます。自分のものを使うことで自分の癖が付き、愛着が生まれます。

機械化農業は面白うなかった

父たちは貧しかったこともあって、自分で農具を作るところから始まっています。自分の気を入れて作っているから愛情も湧くし、自分が使いたいなと思う、それが大事なんだと思います。

自分と一体となる道具です。鎌と鍬は安いものは買いません。高価だからいいということではないけれど、基本的にいいものはそれなりの値段がします。鍛治屋さんで作った道具は、時間をかけているだけあって違います。気持ちが入っています。

父も道具に関してはお金に糸目を付けませんでした。「つまらん道具は仕事がはかどらんし、いい仕事ができん」。いい道具のほうがいい仕事ができます。そのあたりはプロとアマの違いかもしれません。

父は牛と馬による有畜農業から慣行農業、有機農業、自然農といろんな農業を全部やってきて、耕運機やトラクターも使ってきました。ある日、そんな話を父としていると、父が「機械化農業は面白うなかった」とひと言つぶやきました。

篤農家の父がそんなことを言うとは思いもよらなかったので、

「お父さん、それどういう意味やろかね?」と聞いたら、

「やっぱぁ、自分の体で豊作とかを感じることが機械じゃできん。だけん、そりゃ面白うなか」

ああ、そうか! 自然農は手仕事の大変さはあるけれど、手仕事だから面白いんだ。基本の道具は手の延長であるスコップと鎌と鍬。誰でもできるシンプルな作業です。昔の人の知恵はシンプルで頑丈。

そうそう、稲穂を束ねて稲を刈るときのサクッというあの感触。手で刈らないと、機械では「今年は豊作」ということを体で感じることができません。一体感がなくなって、

いのちが見えなくなってしまいます。

二〇本か三〇本、穂と穂とが擦れ合ってサワサワと喜びの音がする。稲として今年も全うできた喜びの音色としても聞こえます。自然農をやってみんな生き生きとなってくるのは、手仕事からその人の感性とか知恵とか、五感を動かしながら生まれてくるものがあるんだと思います。

日本人はお米が主食だし、稲は「いのちの根っこ」を作るから「いね」と言うそうです。一年に一回、稲の響きと手触りを感じながら稲刈りをするのはすごく大事なことのように思えます。稲を刈るときの音や稲穂の彩りが日本人の情感をはぐくんできて、そこには目に見えない祈りとか思いとかが込められています。そう考えると、春の田植えとか秋の稲刈の姿は、神さまが宿っているように思えます。

手仕事で多くはできません。多くはできないから言えることかもしれないけれど、最後のこの喜び、この音色を自分の手で味わわなかったら、すごくもったいないですよ。

大切なことが隠れている

田植え前の畔塗《あぜ》りも、昔は男が鍬を使った手作業でやっていました。稲作りに大切な水が田んぼから漏れないように、足や鍬で練った土を田んぼのまわりに塗り固めていく重労働です。畔塗り機の登場で、今は農家でも手作業でする人は少なくなりました。

松国の学びの場では毎年、この畔塗りをみんなで共同でやります。今年も父が指導役となってあいさつしました。

「文明が発達して多くのことが機械でできるようになりよりますけど、生きるうえで体を使って手作業でするのが大切という仕事がたくさんあるとです。思わぬところに大切なものが隠れているということがあるとです」

父が例に挙げたのは、テレビで見た、長崎で四百年も続くカステラの老舗の話。四百年もお店を続けてこられた秘密は、卵を機械ではなく手で割ってきたことにあるそうです。手割りで白身と黄身を分けることで、その日の卵の状態を確かめられるため、細かな分量調節ができるといいます。

巧みな鍬づかいで土をどんどん塗り固めていく父の技を、みんな感心して見つめていました。ぼんやりしていたら、父が全部やってしまいそうな勢いです。

手仕事はたくさん時間はかかるけれど、黙々とやっているなかで幸せを感じます。人にやらされるのとは違って、自分のペースでやっていくと、自分自身を生きている感じがします。それから手仕事は仕上がりがきれい。機械は雑。畑でも一目でわかります。

手仕事「教えちゃんなっせ」

手仕事への思いが私たちのなかでどんどん深くなっていきました。

農作業にしても、料理にしても、掃除にしても、手というものがいろんなものを生んでいく、育てていく。なにげなく作っている料理でも、無意識に家族の健康を願って心を込めて作っています。手仕事がなくなっていくにつれて、見えない部分がだんだん失われていっています。父との会話から、手でやる仕事を大事にしなくちゃいけないんだなと思うようになってきました。

父がよく言うのは、もの作りを頼みに来るとき、昔は「教えちゃんなっせ」と言って来たのに、今は「作っちゃんなっせ」「分けちゃんなっせ」と来るそうです。自分では作らずに、お金は出すからと言って人に作ってもらう、作ったものを分けてもらう。「教えてください」と言って自分で作る人がいなくなった、と。

父の言い方だと「今の若いもんは、ボタンを押す道しか知らん」。なんでもボタンを押したら出てくると思っている、ということです。テレビ、炊飯器、自動販売機……確かにそう。職人気質の父は「ヘタでも自分が魂込めて作ったが、いちばんよかと」。買うよりずっと価値がある、と言います。

幼いころから、藁草履や農具を作ってきた父のもの作りの技術には、私たちはとてもかないません。父が作ったしめ縄は、毎年、王丸の神社に奉納されていました。ぱっと見たら、既製品も手作りも、しめ縄はしめ縄。でもそこに込められたものが違います。父は身を清めてから、しめ縄を作ります。子どものころ、しめ縄を跨いだらひどく叱られました。

地元でも、しめ縄などを作ることのできる人はもういなくなっています。父が元気なうちに、父の持っている技術を「教えちゃんなっせ」と、みんなで習うことにしました。

五体全部使って美しかごと

二〇一〇年の師走、しめ縄教室には二〇人ほどが集まりました。ほとんどが初心者です。講師の父があいさつしました。

「私たち日本人の主食はお米です。お米の副産物である稲藁を使ってしめ縄を作る。ここに大切な意味があるとです。しめ縄の形は人間が考えたものではないとですよ。この自然世界を現した形が、しめ縄になっとうとです。この世界はすべて陰と陽でつくられとります。男と女、山と谷、そういう相反するものがなからにゃ世界はできんとです。しめ縄の中にはそうした相反するものが入り、右綯《な》い、左綯いが形作られているとです」

福岡・博多のしめ縄の基本形「末広がり」をみんなで作りました。父が作っているの見ると割と簡単そうなんですが、やってみると……。「手ばっかり使わんで、足も使ってせないかん。五体全部使って作らな」。父は「美しか藁ば選んで」「美しかごと切らないかん」「美しかごと綯わないかん」と「美しかごと」を繰り返します。

午前中から昼食を挟んで暗くなるまで。一日かけて、みんな自作のしめ縄が出来上がりました。父が最後に話しました。

「売っているしめ縄を数千円出して買って家に飾るとも大切なことでしょうが、こげんして藁を使って、自分で誠意を込めてしめ縄ば作って、そのしめ縄ば飾って新しい年を迎えるというのは、たいへん意味のあることだと思います。来年も皆様にとって幸せですばらしい一年となりますようにお祈りいたします」

「作る」ということが、どれだけ人を幸せにするか。最初はへたでもいいから、まずは自分ができる範囲でできることをやって、昔からの技術を受け継いでいければと思います。それは私たちをどこかで豊かにしてくれます。

逆に、父は教えることからエネルギーをもらっているようです。自分の持っている技術を次の世代に伝えていける、技術が生かされることに大きな喜びを感じているようです。手仕事は人と人を結ぶ力を秘めています。

父が作ったしめ縄を私の知人に見せたら、彼女は「松尾さん、自然農しててよかったね」と言われました。

「え?」

「お父さんもすごかったかもしれんけど、松尾さんが自然農しとらんかったら、お父さんの技術も埋もれとんしゃったよ」

私は百姓の血を受け継いで、別のかたちを取りながらも、父と同じような道を歩んできました。それは私にも父にも大事なことだったのかなぁと思います。

まわりに助けられてここまで来た

今振り返ると、自分はいろんな意味で恵まれていたなぁとしみじみ思います。

家から歩いて行けるところに田畑があります。最初は二反半の畑を見ただけで不安になりましたが、畑も田んぼも竹林も、よくあれだけまとまってあったなぁと、今思うと奇跡と思えるくらい有り難い思いがします。

竹山を切り拓くと駐車場やトイレができて、自然農をみんなとするためにここに嫁に来た、と思うくらいです。ご先祖さまに感謝感謝です。

里山に入ってつくづく思うのは、雑木林は人をほっとさせるものがあるということ。雑木林が全体を浄化してくれる働きがあることを体で感じることができます。昔の人の子孫に対する思いが、そこに立っているだけで伝わってきます。

私たちは、山から木や竹といった恵みをもらって支柱などに使っています。山の恵みをもらっているので、山が喜ぶことを一年に最低一回はしなければと、切り落としたままの幹や枝を冬場に二日間かけて運び出すことにしています。それを燃やして灰は畑に。人の手を少し加えただけで里山はすがすがしくなります。私もすがすがしいので、そこで育つシイタケたちもすがすがしいんじゃないかなぁ。

海も山もある糸島という地域にも恵まれました。自然もあって、それでいて福岡という街にも近い。研修を終えて糸島に住み着く方も少なくありません。家族みんなで越してきた方もいらっしゃいます。

宣伝も何もしていません。でも自然農の野菜を出荷している人たちもだんだん増えて、もう一〇家族はいるんじゃないでしょうか。役場の方から「町の人口増加は自然農関係」と言われたこともありました。

地域や田畑のこともですが、松尾の家族がみんな農業に慣れない私を見守ってくれたことも有り難かったなぁと感謝しています。「奥さんが生き生きしているのがいちばん」と、農家に来たお嫁さんをここまで自由自在にさせてくれたのは田舎では珍しいことでしょう。私の父母が実家から畑の世話に通って来るのも普通では考えられないことです。

明治の人だった義母には厳しさと優しさがありましたが、私たちは本当の母子と思われていたほどで、夫は「養子さんですか？」とよく聞かれました。核家族で子育てに悩むお母さんのことをよく耳にしますが、義理の父母がそばにいるというだけで子育てにも安心感がありました。

夫は耳の遠い私について愚痴一つこぼしたことはありませんでしたが、実家の母は耳のことでこの子は結婚できないのではないか、とすごく心配していたようです。でも父母の姿を見てきた叔母が、この子は耳が遠いけど両親はこういう人だから、と相手に薦めてくれたらしいのです。

結局は父と母の生き方が私の耳の障害を補ってくれたんだなと思います。両親がいろいろな苦労のなかでまっとうに生きてきたおかげで今の私があります。だから生き方というのは自分だけのことではなくて、まわりにも影響を与えていることを実感します。

聴力をなくして失ったものもあったけど、得たもののほうが大きかったなと思います。もし耳が普通に聞こえていたら、私は農業をしていなかったかもしれません。まわりに助けられ、何かに導かれるようにして、ここまで来ました。

笑われるかもしれませんが、心の中で「ありがとう、ありがとう」と言っていると、不思議といいことが起こってくるんですよね。いつも気持ちを切り替えて「ありがとう、ありがとう」と言っていたら、不思議とそういうことが起こってくる。自分が呼び寄せているものってあるのかもしれません。

母の子でよかった

私が農業の道を歩んだのは父の影響が大きかったのですが、楽天的な性格は母の本来の資質をもらっていたのかなぁと思います。

父はどちらかというと慎重でカチカチのところがありますが、母はでーんとしていて、前に出ない性格です。それでいて考え方が前向きで、だいたい大きなところでは「ああしなっせい、こうしなっせい」と母が決めています。

うちの納屋が以前、漏電か何かのため火災で焼けたときも、父はオロオロしていましたが、母は「さて、どうするか」という感じ。ばっと突っ込むけど、笑いになる得な性分です。父は母の性格でずいぶん助けられていると思います。私の冗談やダジャレ好きは母ゆずりですね。

笑い話には事欠きません。

母の実家は蔵持《くらもち》という地域ですが、父がみんなの前で「蔵持から嫁さんもろうたばってん、蔵は建たんやった」と冗談で言ったら、母も負けじと「蔵建てるほうが楽やった」（笑）。

野菜の出荷日に父はいまだに「これ、どうして頼まっしゃあとなぁ?」とお客さんの思いをいろいろ詮索するけれど、母は「そりゃ、要るけん頼みよんしゃあと」。あまりにもシンプルすぎる答えに、みんなどっと笑います。

父が「寒い寒い」と言って、「ずーっとコタツに寝とこうごたぁ」と言ったら、母は「穴掘って、ずーっと寝ときなっせぇ」。これは墓穴にかけたブラックジョークです。

母も苦労しているので、ものの見方が狭くない。私から見れば賢い。耳が悪くても私がいじけなかったのは、母に育てられたおかげだなと思います。人生で母の存在は大きかったし、母の子でよかったなぁと心から思います。

そして母も九〇歳近く。父も母も大きな病気をしないでここまで来ることができたのは、生命力のある野菜のお陰と、年齢に応じた仕事があったことだと感謝しています。

私の子どもは息子二人と娘一人の三人です。長男が「農業を継ごうかなぁ」と言うときはありますが、向き不向きもあります。本音で言えば、子どもたちのうち誰かが自然農を継いでくれたらうれしいけれど、私のほうから継いでほしいとは言いません。自分の意志と覚悟が何より大事だからです。

娘が就職のとき、お菓子屋さんの面接を受けたら、落ち込んで返ってきたことがありました。「お母さん、ダメやった。面接でなーんも質問されんやった。残念やったけど落ちた」

「履歴書を持っているなら見せて」と言って見たら、こんなふうに書いてありました。

「自分がもし会社に入ったら、できるだけ添加物の入っていないお菓子を作って、会社と世の中に貢献したい」

ああ、親のしていることをちゃんと見てるんだなぁ、とうれしく思いました。

「お母さんやったら、こんな人を（従業員に）採りたいと思うよ」

すると、何日後かに採用通知が来ました。

「ほら、通ったやない！」

一人の変化から社会は変わる

自然農をやってきたこの二〇年余り、始めたときはただ、ひたすら自然農のおいしい野菜をご縁のある方に届けて、食べた方が健康で幸せを感じてくださったらいいなという思いだけでした。

それをこつこつやっていくうちに仲間が増えて、社会への広がりも出てきました。全体から見たら小さなことかもしれないけれど、それを二〇年間続けたら、ここに来る人も社会も変わっていく。一人の小さな積み重ねがまわりを少しずつ変える大きな力につながっていくんだなぁということを実感します。

世間では、力のある人がこれからの世の中を変えていくように思われがちですけど、庶民の真摯な生き方がこれからの社会を変えていく大きな力になるのかもしれません。役目はそれぞれ違っても、一人ひとりの生き方に社会を変える力がある。それぞれの生き方がこれから大切な時代になっていきます。

今からどういうふうに生きていったらいいか、どういうふうに暮らしていったらいいか、迷っている方は多いと思います。自然農ってすばらしいな、自分でもやりたいなと思ったら、庭先の小さな畑でやってみることです。

食べ物を商品としてではなく、食べ物として味わえる。お店の普通の野菜では味わえない一瞬一瞬の味を食べられる。それがどれだけ楽しく豊かなことか。

まずは自分で種をまいて育てる。それがいちばんです。自分で野菜を育てたら、何が自然か、そして何が大切かを知ることができます。お店の虫食い野菜にも抵抗がなくなるでしょう。

日本の農業人口は二六〇万人で、週末農業をしている人は二〇〇〇万人いるそうです。

六本木や表参道を若い人が苗を持って歩き、農業はカッコイイと思われているとか。単なるファッションかもしれないけれど、びっくりしました。農業は人が生きていくために本当に大切なこと。それが本当のところでわかれば、社会は変わると思います。

生業とする人はそんなに急には増えないかもしれませんが、楽しいけど厳しい世界でもあります。ただ、生業もこれからいろいろかたちが変わるんじゃないかなと思います。私はたまたま広くて便利な土地を生かすことができたけれど、若い研修生たちを見たら、それぞれのカラーも能力も違います。

自然農だけでやりくりするのではなくて、野菜を作りながら違うところで収入がある、あるいは奥さんが違う仕事をする。そんなかたちだってあるでしょう。たとえば、ここで学んだ人で、自分の畑で作った野菜で料理を出す小さなレストランをやっている方がいます。喫茶店をしたいという女性もいます。その人の個性と能力を発揮して輝けばいいし、もうかたちは自由自在に。

気づいた人から少しずつやっていく。まず自分が変わって、自分が変わったら畑も変わるし、畑が変わったら野菜も変わる。その変わった野菜を食べて人が変わって、最後にはまた自分が変わる。自分が変わることで、全部がつながっていく。いろいろ体験したなかで、自然農はいのちといのちがつながる農業だなぁと感じています。

いのちといのちが巡っていく世界。私たちもやっぱりおじいさん、おばあさん、その前の代のいのちがずーっとつながって、ここに存在しています。

自然農の世界を生きる国

二〇一一年の八月下旬から九日間、ヒマラヤの小さな国ブータンを旅しました。

初めての海外旅行でした。「いきなりブータンというのもすごいね」と言われましたが、国の目標としてGNP（国民総生産）ではなく、幸福、HappinessのH、GNH（国民総幸福度）という指標を掲げていて、「国民の九七％が幸せ」という国の姿を自分の目で見たいなとずっと思っていました。

そうしたら、ちょうどそんなご縁が巡ってきて、今しかない！　目の前に止まったバスに乗り込む感じで決めてしまいました。

文化人類学者の辻信一さん主宰「ナマケモノ倶楽部」が企画したツアーには、私の農園で自然農の野菜作りをされていた女優の杉田かおるさん、そして歌手の加藤登紀子さんも参加されました。

一六人のツアーで農村や伝統治療院、僧院へと、かなりハードなスケジュールでした。

ブータンはひと言で言うと「自然農の世界を生きている国」でした。「クズザンポーラ」（現地語で「こんにちは」）と声をかけると、誰でも微笑んで言葉を返してくれます。私が昔から好きな言葉「和顔愛語」、おだやかな笑顔で心を込めた言葉をかける人たちです。

微笑みはアハハという笑いとは違って、からだからにじみ出るもの、自分が本当に幸せでないと出ないものだと思います。子どもから大人まで微笑んでいるのはやっぱり幸せだから。微笑むことができる意味の深さを知りました。

生活自体はすごく慎ましい、でも慎ましいことが恥ずかしいことではない。国王自身、自然生活がお好きで、宮殿ではなく丸太小屋のような家に住んでおられます。教育費や医療費は無料。みんな生きていくことに対する不安がないようです。

小さいときからチベット仏教の教えが身に付いていて、ブータンでは花は咲いたものを愛でる。基本的に生け花はだめ。蚊も殺してはいけない。そんな自分たちの文化に誇りを持っていて、大事なことは何かを子どもたちにちゃんと伝えています。だからみんな「子どものころから幸せだ」と言えるんでしょうね。

田舎のおじいさんは「今日、来ていただいた皆さんは、きっと先祖は兄弟だったんだろう」といきなりそういう話をされて、「みなさんが来てくれることが私には幸せです」。

ブータン人と日本人の顔はよく似ていて、私がそのおじいさんに「私の父に似ています」と言ったら、「あなたは私の妹にそっくりです。日本人でもあなたは特にブータン人に近い」と言われて、みんなにどっと笑われました。

棚田がきれいで、山は全部自然林。日本の五〇年前にタイムスリップしたような暮らしですが、でもやっぱり携帯電話やテレビを持っています。自給自足の生活にそういう商品も入ってきています。

国民の七割が農民です。農家は無農薬で有機肥料。ちょっと豊かな家は耕運機を持っています。農家のおじさんに聞くと「耕運機が入ってきたことで収量も増えたし、体が楽になった」と正直に話されていました。

「日本人は働きすぎる」と言われました。「ここは忙しくないですか」と聞くと「忙しいのはやっぱり忙しい。でも忙し過ぎるのは人と競争するから忙しいんだ」と言われて、みんな、ははぁーという感じ。

海外旅行も初めてなら、家をこんなに空けたのも初めてでした。久しぶりに自分の畑に帰ってきたら、やっぱり自分にとっては、この畑が自分らしくいられる場所だと思いました。自分が自分でいられる場所。

ほのぼの農園、やっぱりここしかない。

ブータンの人たちが自分たちの文化に誇りを持って大事にしているように、私も日本人として誇りを持って生きたいな、日本人が持っていた文化をもっともっと大事にしていきたいな、と思いました。

そして、もう少し生活をスローダウンして、もっと簡素に、もっと丁寧に。オール電化じゃなく、オール手作業というくらいに――。

自然農に出会えて

今日も朝の七時半ごろに研修生たちが、ほのぼの農園に集まってきました。簡単なミーティングの時間を持ってから畑に向かいます。王丸から通う父も加わっています。夫はお米の担当です。

秋の風がさわやかです。もう夏草は枯れてきて、田んぼは黄金色に染まっています。この季節、種まきなら大根、カブ、小松菜、ほうれん草、じゃがいも。雨が降ったら白菜やレタスの苗植えです。

私は一一月の農園がいちばん好きです。緑色の葉に赤色レタスも入って、畑のキャンバスが色とりどりになります。

十二月に、「収穫祭」をやって、自然農塾のみんなが自分たちの手で作ったお米と野菜を料理して、農園の広場で一緒に食べます。そして冬に備え、春を待ちます。一日が巡って、季節が巡って、そのなかでいのちも巡って。

若いときは、ひたすら自分が生きているという感覚で、生かされているという感覚はありませんでした。歳を取ったのかもしれませんが、今は生かされているんだなと感じます。

いのちあることだけで幸せだな、朝起きていのちがあってそれだけで有り難いな。私もこの地球では一粒のいのちとして生かされていることを日々感じ、生きていることが楽しい。小さなこと、当たり前のことに感謝しています。

私にとっていちばんよかったことは、自然農を通していのちを見つめることの喜びを知ったことです。野菜たちも台風とか日照りとか厳しい気象条件のなかでも精いっぱい、キュウリならキュウリ、白菜なら白菜のいのちをまっとうし、種を残して次の世代につなげていっています。

そんな野菜やお米の姿を見て自分もそうありたいなぁと思うようになりました。自分ができる範囲で精いっぱい、今がいちばん最高だなという一瞬一瞬をすごしたい。心には謙虚さを、顔にはいつも微笑みを、ご縁のある人たちと仲良く暮らしを紡いでいきたいなぁと思います。

いのちの世界は植物であろうが人間であろうが基本的に同じ。一人でも楽しいけど、何人でも楽しい。個性がそれぞれあって、うまく調和して楽しい。それぞれの良さがわかって、それぞれ自然体でいられる、そういう関係。人間だから迷ったり揺れたりするけれど、そこは神様じゃなくて、やっぱり人間です。

自分は本来どうあったらいいか、答えをそれぞれ出して、今からはその答えを生きていく時代だと思います。一人ひとりの暮らしの在り方が問われているのだと思います。

自然農に出会って今の自分があります。その時その時に起こることを受け止めただけなのに、一〇年二〇年と重ねるなかで畑と同じく私自身も豊かになれたように思います。自然とともに豊かに生きる世界を示してくれた自然農は、私にとって人生の道しるべだったなぁと感じています。

私は夕陽を見るのが大好きで、夕陽って日々刻々変わって一日として同じものがありません。美しい夕陽を見たら、なにか満たされます。余計なものはいらないなって。「あぁ、今日もいい日だったなぁ」と欲がなくなって、今日一日、田畑で働けたことに喜びを感じます。

ああここで働けてよかったなぁ。明日もまたここで働きたいなぁ。それは祭りのような楽しさではなくて、静かな歓びです。ふつふつとこみ上げてくる歓び。

自然農に出会えてよかったなぁ。

（了）

あとがきに代えて

此の度、地湧社の好意により農業を営むものとして、戦前の小作農から現在の自然農に至る迄、私達親子の歩いた農の道を一書にまとめて出版する事になりました。
現在激しく移り変わる世相の中、自然農を実施する事によって大自然の営みの素晴らしさ、そして人と自然が調和して生きていく大切さ、如何に文明の世の中になっても天地のお蔭で生かされている事をわすれてはいけないと改めて実感致しました。縁あって愛読くださいます皆さんの今後の人生の道しるべとして少しでも役立てばと願っています。

平成二十六年三月

家宇治　守

後記

本書の出版は予定より二年以上遅れることになりました。著者の松尾靖子さんが出版を前にして亡くなったからです。以下、出版までの経緯と松尾ほのぼの農園の現状をお伝えします。

本書は地湧社によって企画され、二〇一〇年秋から本づくりの作業が始まりました。原稿ができあがったころ、松尾さんが乳がんにかかっていることが分かりました。二〇一一年五月末のことでした。松尾さんは原稿の確認をほぼ終えていましたが、治療に専念するために本作りの作業はいったん中止することになりました。

病状はいったん改善したかに見えました。終章で少し触れているブータン旅行は闘病中のことです。しかし病の進行は止まらず、二〇一二年五月二八日、松尾さんは帰らぬ人となりました。五七歳でした。

松尾さんはもうこの世にはいませんが、松尾さんの遺した言葉は今も私たちの心に深く響きます。一年半を経て出版計画は再び動き出しました。

本書に書かれていることは二〇一〇年から二〇一一年までのことで、登場される方の年齢や肩書は当時のままです。

松尾ほのぼの農園は、二〇一三年一月から福岡県糸島市内で自然農を生業とする三軒が畑とともに野菜の出荷先を引き継ぐことになりました。三軒とも農園の元研修生です。うち一軒は第五章に登場する研修生の山崎雅弘さん、ほかの二軒は高井象平さん、仁科光雄ご夫妻です。やはり五章に登場する山本悟史さんは現在、夫婦で広島県の宮島において耕さず、農薬や化学肥料を使わない営農を、山本ヒロコさんは野菜作りから食品加工・販売流通までを担う会社で商品開発を担当しています。

松尾靖子さんがまいた種はそれぞれの場所、それぞれのかたちで育っています。

本書もまた、その一つの種となることを願ってやみません。

二〇一四年四月

地湧社編集部

●著者プロフィール

松尾 靖子（まつお　やすこ）

1954 年、福岡県生まれ。ＯＬ、有機農業などを経て川口由一氏の提唱する自然農に出会う。「松尾ほのぼの農園」で育てた野菜を個人宅やレストランなどに届けて、自然農による営農の道を開拓。92 年から「福岡自然農塾」を主宰し、見学会や実習を通じて自然農の実践を広める。多くの研修生を育て、2012 年没。

ようこそ、ほのぼの農園へ
――いのちが湧き出る自然農の畑

2014年 5月28日　初版発行

著　者　松　尾　靖　子　

発行者　増　田　圭　一　郎

発行所　株式会社　地《ち》　湧《ゆう》　社
東京都千代田区神田北乗物町16 （〒101-0036）
電話番号：03-3258-1251　郵便振替：00120-5-36341

取材･構成　片岡義博

組　版　GALLAP

装　幀　大野リサ

印　刷　中央精版印刷株式会社

万一乱丁または落丁の場合は、お手数ですが小社までお送りください。
送料小社負担にて、お取り替えいたします。

ISBN978-4-88503-231-8 C0036

土からの医療
医・食・農の結合を求めて

竹熊宜孝著

人間の生命を支える「医・食・農」を根底から問い直し、田舎の診療所に根をおろした著者が、地域の人たちと一体となって、いのちと土を守る運動や、養生運動を展開していく感動の実践記録。

四六判並製

はじめに土あり
健康と美の原点

中嶋常允著

微量ミネラルの重要性に注目し、独特の土作りの指導で畑と作物を甦らせてきた著者が、土から見えてくる文明論を繰り広げながら、あらゆる生命の基である「土」が切り開く未来を展望する。

四六判上製

わらのごはん

船越康弘・船越かおり著

自然食料理で人気の民宿「わら」の玄米穀菜食を中心とした「重ね煮」レシピ集。オールカラーの美しい写真とわかりやすい作り方に心温まるメッセージを添えて、真に豊かな食のあり方を提案する。

B5判並製

牛が拓く牧場
自然と人の共存・斎藤式蹄耕法

斎藤晶著

機械を使わず、除草もせず、あるときは種もまかない自然まかせの牧場。北海道の山奥で生まれた、自然の環境に溶け込んだ牧場経営を通じて、未来の人と自然と農業のあり方を展望する。

四六判上製

親子で楽しむ手づくりおもちゃ
シュタイナー幼稚園の教材集より

フライヤ・ヤフケ著／高橋弘子訳

シュタイナー教育の実践経験に基づいたテキストの邦訳版。幼稚園期の子どもに大切なおもちゃとは何か。布やひも、羊毛、木や砂などの天然素材を用いた人形や衣装、積み木などの作り方を解説。

A5変型上製

ガンジー・自立の思想
自分の手で紡ぐ未来
M・K・ガンジー著／田畑 健編／片山佳代子訳

近代文明の正体を見抜き真の豊かさを論じた独特の文明論をはじめ、チャルカ（糸車）の思想、手織布の経済学など、ガンジーの生き方の根幹をなす思想とその実現への具体的プログラムを編む。

四六判並製

みんな、神様をつれてやってきた
宮嶋望著

北海道新得町を舞台に、様々な障がいを抱えた人たちとともに牧場でチーズづくりをする著者が、人と人のあり方、人と自然のあり方を語る。格差社会を超えた自由で豊かな社会の未来図を描く。

四六判上製

木とつきあう智恵
エルヴィン・トーマ著／宮下智恵子訳

新月の直前に伐った木は腐りにくく、くるいがないので化学物質づけにする必要がない。伝統的な智恵を生かす自然の摂理にそった木とのつきあい方を説くと共に、新月の木の加工・活用法を解説。

四六判上製

自然流生活のすすめ
小児科医からのアドバイス2
真弓定夫著

子どもが育つ自然環境の四つの要素＝水・大気・土・火について、健康への役立て方をアドバイス、さらに一人ひとりの体に影響を及ぼす環境汚染の現状をやさしく解説し、生活の見直しを提案する。

四六判並製

老子（全）
自在に生きる81章
王明校訂・訳

老子の『道徳経』をいくつかの原典にあたりながら独自に校訂し、日本語に現代語訳。中国語、日本語ともに母国語の著者が、その真髄を誰でもわかるように書き下ろした、不朽の名訳決定版。

四六判上製